快速热解煤焦的理化结构和
气化反应特性研究

刘梦杰 著

中国建设科技出版社 有限责任公司
China Construction Science and Technology Press Co., Ltd.
北 京

图书在版编目（CIP）数据

快速热解煤焦的理化结构和气化反应特性研究 / 刘梦杰著. -- 北京：中国建设科技出版社有限责任公司，2025.6. -- ISBN 978-7-5160-4316-5

Ⅰ. TQ522.51

中国国家版本馆CIP数据核字第2024ES4721号

快速热解煤焦的理化结构和气化反应特性研究
KUAISU REJIE MEIJIAO DE LIHUA JIEGOU HE QIHUA FANYING TEXING YANJIU
刘梦杰　著

出版发行：	中国建设科技出版社有限责任公司
地　　址：	北京市西城区白纸坊东街2号院6号楼
邮　　编：	100054
经　　销：	全国各地新华书店
印　　刷：	北京印刷集团有限责任公司
开　　本：	787mm×1092mm　1/16
印　　张：	8
字　　数：	200千字
版　　次：	2025年6月第1版
印　　次：	2025年6月第1次
定　　价：	**58.00元**

本社网址：www.jskjcbs.com，微信公众号：zgjskjcbs
请选用正版图书，采购、销售盗版图书属违法行为
版权专有，盗版必究。本社法律顾问：北京天驰君泰律师事务所，张杰律师
举报信箱：zhangjie@tiantailaw.com　　举报电话：(010) 63567684
本书如有印装质量问题，由我社事业发展中心负责调换，联系电话：(010) 63567692

前　言

　　煤炭是中国的主要能源，实现煤炭资源的清洁高效利用是实现"碳达峰""碳中和"目标的重要基础，而煤气化技术是煤炭清洁高效利用的龙头技术。该技术在不断创造众多化工产品的同时，也在逐渐呈现出多元化和新型高效化的发展态势。

　　为了保证煤气化技术快速和高水平的开发进程与广泛应用，进而拓宽煤的利用方式，需要对煤气化过程和反应机理有更广泛和深入的认识。原煤热解和煤焦气化是煤气化过程中的主要步骤，煤焦气化是整个过程中的速率控制步骤，气化反应性是选择气化工艺和设计气化炉的重要依据。尽管已有研究者对煤气化反应特性及动力学进行了大量研究，并通过建立反应动力学模型为实际的工业气化炉的设计和优化及稳定运行提供了大量理论指导数据，但由于气化炉的种类多、煤结构的不均匀性和复杂性，导致无法解释反应过程中的异常现象和模型的适用情况，因而仍需要大量数据支持煤气化技术的发展和气化炉长周期的稳定高效运行。现有研究只能反映煤焦的相对反应性，无法从理论角度指导实际工业气化炉的设计和运行，因此需要快速升温以及和气化炉真实工况匹配条件下确定的煤焦气化反应性和动力学参数，为揭示气化炉内的气化反应机理和实现气化炉的优化设计提供准确的指导。

　　为了接近工业气化炉中快速高温热解的条件，本书中的煤焦均在高温下经快速热解制备而成。热解条件、煤焦性质、气化条件和气化反应性测试装置对反应性的影响，学术界已有较广泛和系统的研究。虽然研究者已认识到，各影响因素对反应性影响的实质是煤焦物理化学结构的差异，但对煤焦结构与反应性之间的定性和定量关系尚未有完全统一的结论。此外，现有的研究也不能提供较全面和准确的反应机理，来解释所有的实验现象，这主要是受限于研究方法（设备和常用表征手段）与实际的气化情况有所偏差，所以需要综合利用多种测试技术或创造更先进的技术，对煤焦结构和反应性进行多角度分析，为正确机理的阐述提供依据。尤其是在气化过程中，煤焦结构和反应速率是不断变化的，各实验室气化装置的测试结果因使用的仪器在传质传热和分析方法等方面的差异更是容易被忽略，产生这种差异的原因尚未被深入探讨。应用基础实验研究的目的是明确反应机理，并为工业应用提供理论基础，对不同仪器间的差异及原因的探索，对以后的实验室研究和工业应用都有重大意义。多种因素的综合考虑也有利于研究者对原有的气化反应过程和机理产生深入的认识。

　　本书利用更接近工业气化炉快速升温装置制备不同条件下的快速煤焦，对快速升温条件下煤焦的理化结构与 CO_2 反应性及动力学进行了深入研究，为反应机理的明确和气化炉设计提供较系统的研究方法和基础理论数据，可分为以下7章：第1章为背景部分，主要概述煤气化反应过程及机理，总结煤焦气化反应性的影响因素，分析扩散对反应性的影响及重要性。第 2 章借助快速升温热重分析仪独特的高升温速率优势，研究升温速率对原煤热解过程及煤焦结构的影响，明确升温速率对后续原位煤焦气化反应性的影响规律，阐明特定条件下影响气化反应性的关键结构因素。第 3 章研究快速热解煤焦的结构及非原位和原位气化反应性，对比不同碳转化率非原位皮里青煤焦的物理化学结构，深入分析快速热解结构变化以及原位和非原位气化反应特征的关系，使读者深刻理解整个气化反应过程和机理。第 4 章探索不同气化反应阶段快速热解煤焦的结构和气化特性，考察热解停留时间和热解温度对煤焦物理化学结构的影响，建立合适的结构参数模型以预测不同阶段的气化反应特征温度。第 5 章考察在等温气化条件下，不同粒径的禾草沟煤焦颗粒在高温热台显微镜（HTSM）和热重分析仪（TGA）中的气化反应特性和反应动力学差异，分析内扩散、外扩散和床层扩散在不同仪器中的区别。第 6 章考察非等温条件下 TGA 和 HTSM 中升温速率对小颗粒煤焦气化反应特征的影响，明确单一升温速率法和多个升温速率法获得气化反应动力学参数的区别，阐明非等温气化反应机理。第 7 章总结本论文的主要研究成果、结论和创新点，并对下一步工作提出建议。本书将为煤炭清洁高效利用以及气化炉的优化设计和产业化应用提供借鉴。

  本书编写得到了河南科技大学博士科研启动经费的资助，在此表示衷心感谢。

  由于作者研究水平和手段有限，书中难免存在疏漏之处，恳请专家、读者批评指正。

著者

2024 年 9 月

目 录

符号说明 ·· 1

第1章 绪论 ·· 3
    1.1 煤气化技术及反应机理 ··· 4
    1.2 热解条件对煤焦结构和反应性的影响 ·· 6
    1.3 煤焦气化反应性的影响因素 ··· 8
    1.4 煤焦气化过程中的扩散研究 ··· 16
    1.5 煤焦气化反应动力学 ·· 17
    1.6 本书研究的主要内容 ·· 22

第2章 基于快速升温热重技术的煤焦结构和原位气化反应性关系 ························· 24
    2.1 引言 ··· 24
    2.2 实验部分 ·· 24
    2.3 结果与讨论 ··· 28
    2.4 本章小结 ·· 35

第3章 快速热解煤焦的理化结构及非原位和原位气化反应性 ································ 36
    3.1 引言 ··· 36
    3.2 实验部分 ·· 37
    3.3 结果和讨论 ··· 39
    3.4 本章小结 ·· 52

第4章 不同气化反应阶段快速热解煤焦的结构和气化特性 ···································· 53
    4.1 引言 ··· 53
    4.2 实验部分 ·· 53
    4.3 结果与讨论 ··· 56
    4.4 本章小结 ·· 65

第5章 TGA和HTSM条件下粒径对等温气化反应特性的影响 ······························· 67
    5.1 引言 ··· 67
    5.2 实验部分 ·· 68

5.3　结果和讨论 ……………………………………………………………… 72
　　5.4　本章小结 ………………………………………………………………… 89

第6章　非等温 TGA 和 HTSM 条件下升温速率对气化反应特性的影响 ………… 91
　　6.1　引言 ……………………………………………………………………… 91
　　6.2　实验部分 ………………………………………………………………… 92
　　6.3　结果和讨论 ……………………………………………………………… 94
　　6.4　本章小结 ………………………………………………………………… 102

第7章　结论和展望 ……………………………………………………………… 104
　　7.1　本书主要结论 …………………………………………………………… 104
　　7.2　主要创新点 ……………………………………………………………… 106
　　7.3　进一步工作及建议 ……………………………………………………… 106

参考文献 ………………………………………………………………………… 108

符号说明

A_0	:	反应开始时颗粒面积，μm^2
A_t	:	反应时间 t 时刻的面积，μm^2
A_f	:	结束时面积，μm^2
A	:	指前因子，min^{-1}
AI	:	碱性指数
$AFTs$	:	灰熔融温度，℃
a	:	修正体积模型拟合参数
b	:	修正体积模型拟合参数
C	:	常数
d	:	煤焦颗粒的直径，m
$d_{002,a}$, d_{002}	:	晶面层间距，Å
$\left(\dfrac{dX_c}{dt}\right)_{max}$	:	最大气化反应速率，%/min
$\left(\dfrac{dX_c}{dt}\right)_{mean}$	:	反应起始温度到结束温度的气化反应速率平均值，%/min
E_a	:	表观活化能，kJ/mol
E_{ave}	:	平均活化能，kJ/mol
FT	:	流动温度，℃
HT	:	半球温度，℃
HCG	:	禾草沟烟煤
I_{D1}	:	拉曼拟合峰 D1 的面积
I_G	:	拉曼拟合峰 G 的面积
k_0	:	指前因子，min^{-1}
k_{RPM}	:	随机孔模型速率常数，min^{-1}
k_{URCM}	:	收缩未反应芯模型速率常数，min^{-1}
k_{VM}	:	均相模型速率常数，min^{-1}
k_{MM}	:	混合模型速率常数，min^{-1}
k_{MVM}	:	修正体积模型平均速率常数，min^{-1}
L_0	:	常温下煤灰的高度，μm
L	:	煤灰在某一特定温度下的高度，μm
L_a	:	微晶结构的微晶尺寸，Å
L_c, $L_{c,a}$	:	微晶结构的堆垛高度，Å

m_0	:	煤焦气化反应初始质量，g
m	:	混合模型拟合参数
m_{ash}	:	反应完成后剩余灰的质量，g
m_t	:	t 时刻煤焦的质量，g
M_c	:	碳的摩尔质量，g/mol
n	:	反应级数
N	:	堆垛层数
PN	:	所选煤焦颗粒个数
P	:	标准大气压，Pa
PLQ	:	皮里青烟煤
r	:	气化反应速率，%/min
$r_{shrinkage}$	:	热台中煤焦气化收缩率，%
R	:	理想气体常数，J/(mol·K)
$R_{0.1}$	:	碳转化率10%时的反应性指数
$R_{0.5}$	:	碳转化率50%时的反应性指数
$R_{0.9}$	:	碳转化率90%时的反应性指数
S_0	:	煤焦初始比表面积，cm^2/g
S	:	综合气化特性指数，$min^{-2}·℃^{-3}$
S_P，S_G	:	P 峰的面积，G 峰的面积
ST	:	软化温度，℃
t	:	气化反应时间，min
t_g	:	非等温气化初始反应温度到结束温度的时间间隔，min
t_{X_c}	:	反应至碳转化率 X_c 时所用时间，min
T_i	:	初始温度，℃
T_m	:	最大反应速率对应温度，℃
T_f	:	反应结束温度，℃
T_s	:	烧结引起的峰值温度，℃
T_x	:	在某一特定碳转化率下对应的反应温度，℃
V_0	:	反应开始时颗粒体积，μm^3
X_a	:	平均碳转化率，%
X，X_c	:	碳转化率，%
X_{max}	:	最大反应速率对应的碳转化率，%
β	:	升温速率，℃/min
θ_{002}，θ_{100}	:	(002)峰位置角度的一半，(100)峰位置角度的一半，(°)
η_{cal}	:	内扩散效率因子计算值
η_{exp}	:	内扩散效率因子实验值
λ	:	X 入射线的波长，Å
ρ	:	颗粒密度，kg/m^3
ϕ	:	初始煤焦颗粒样品的结构参数

第 1 章　绪　　论

能源是人类社会发展和经济增长的原动力，也是国民经济发展的重要物质基础。随着我国经济快速增长，对能源方面的需求也日益增加。根据《BP 世界能源统计年鉴（2018 年）》对 2017 年中国主要能源的消费统计情况，如图 1-1 所示，中国的能源消费结构中的第一大能源仍是煤炭，它在一次能源消费当中的占比高达 58%。石油消费次之，占全国能源消费总量的 20%[1]。结合我国"富煤、贫油、少气"的资源特点，发展改革委预测了中国能源的需求和组成：即使到 2050 年，我国煤炭在一次能源消费中所占比重依然会维持在 50% 以上[2]。这充分说明煤炭在我国能源消费的主体地位在相当长的时间内不会改变[3-4]。然而，目前我国煤炭利用仍以直接燃烧为主，存在利用率低、环境污染等严重问题。因此，迫切需要开发清洁、高效的煤炭利用技术以满足我国能源发展的战略要求，这不仅有利于改善能源消费结构，促进我国经济的可持续发展，同时符合日益完善的环境政策和法规要求。

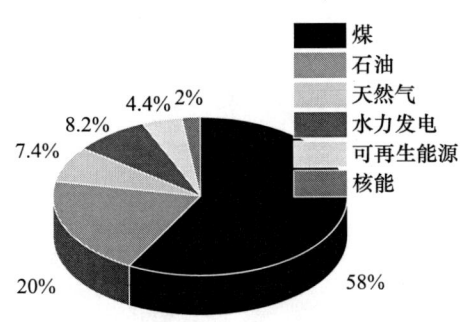

图 1-1　2017 年中国主要能源消耗[1]

煤气化技术是实现煤炭高效、清洁利用的重要技术之一，被认为是发展现代煤化工的关键技术、核心技术和"龙头"技术[5]，也是发展煤基化学品合成（二甲醚、汽油和柴油等）、多联产系统、制氢、燃料电池和炼铁等工业过程的基础，具有较广泛的应用，备受世界各国的关注。目前，根据煤和气化剂在气化炉中的相对运动状况和炉体结构的区别，煤气化技术分为固定床、流化床和气流床三种。

虽然各种煤气化技术在工业上已有了丰富的应用经验。但是，随着煤气化技术的快速发展，仍需高温、高压和粒度分布宽泛等气化条件下广泛的基础数据为气化炉设计提供指导。此外，煤种多样性与气化反应复杂性决定了对整个煤气化过程的研究需更加深入，以便提供更全面的理论指导。煤的气化过程可分为原煤的热解和煤焦的气化[6]。相对于极快的热解速率，煤焦气化反应的速率非常慢，因此，煤焦的气化是整个煤气化过程中的速率控制关键[7]，气化反应性成为气化工艺选择和气化炉设计的至关重要的参数。另外，原煤的热解过程影响后续的煤焦气化，所以需要探究更接近工业气化炉的热解条件,能准确地反映原煤实际的气化运行情况,并进一步建立合适和准确的结构模型以预测气化反应性,阐述煤的气化反应机理。同时,基于不同气化装置测定煤焦的气化反应性差异,从气化反应动力学角度深入分析气化反应过程,对工业气化炉的数值模拟、设计和优化及稳定运行方面提供理论依据和数据支持,具有重要的指导意义。

1.1 煤气化技术及反应机理

煤气化技术是指在一定的温度和压力条件下,将煤作为气化原料,使其与空气或氧气、水蒸气、H_2和CO_2等气化介质经过一系列复杂的化学反应,将煤中的可燃组分转化为煤气,而反应后剩余的灰或渣被排出的工艺技术[8]。如图1-2所示[9],以气流床技术为例,原煤在进入炉体后,先经历快速高温热解过程,随着挥发分的脱除和石墨化度增加形成煤焦。煤焦颗粒与气化介质发生反应,达到一定程度后,煤焦颗粒会破碎,最终生成不同类型的渣和灰。国内外学者对煤气化反应过程进行了大量研究,通常将整个反应过程解耦成在惰性气氛中热解制焦,以分析热解过程、深入研究所得煤焦的气化反应过程。

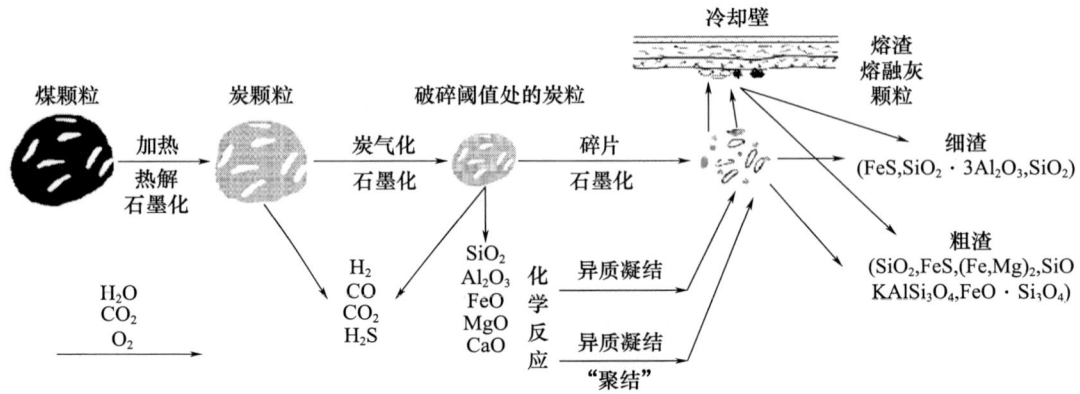

图1-2 煤在气流床气化炉内的气化反应过程[9]

1.1.1 煤热解

煤热解是指煤在隔绝空气或惰性气氛下,煤中的物质在升温过程中经过一系列的变化,最终生成气体(干馏煤气)、焦油和煤焦(半焦或焦炭)三相产物的过程。

煤热解作为在燃烧、气化、液化和焦化等过程中常伴随的过程,被认为是煤气化技术中最重要、最基本的反应。尽管气化过程中,煤热解的速率通常非常快,但这个过程仍然存在着非常复杂的物理和化学变化。整个热解过程大致可分为干燥脱气、解聚分解和缩聚反应三个主要阶段[10-12]。

(1) 第一阶段(环境温度—350~400℃)

此阶段被称为干燥脱气阶段。在此阶段,煤中的水分受热蒸发,并且,一些吸附于煤中的轻质气体(CO_2和CH_4等)也将在更高温度下脱除。

(2) 第二阶段（400~550℃）

作为热解的主要阶段，其主要发生解聚和分解反应。原煤释放出大量的挥发物，后续的煤也会形成半焦。当温度低于450℃时，剧烈的解聚反应将引起许多小分子气相物质（脂肪烃和CH_4等焦油蒸气）释放，焦油产量大约在450℃时达到最大值，同时煤将形成胶质体。当温度高于450℃时，胶质体将不断发生分解反应，并参与到下一阶段的缩聚反应过程，导致芳香族大分子物质的形成，因而使得胶质体逐步地形成半焦。

(3) 第三阶段（550~1000℃）

此阶段主要发生缩聚反应，也被称作二次脱气阶段。该阶段只产生极少的焦油量，而所发生的缩聚反应将导致多种烃类和氢气等气体物质释放，同时半焦缩聚为焦炭。

以上被认为是煤热解经历的常规阶段，但如果最高温度达到1500℃以上，被称为石墨化阶段，在此条件下可以生产石墨和炭素制品。

1.1.2 煤焦的气化过程及反应机理

在工业气化炉中，尤其是气流床气化炉中的热解通常是瞬间完成的，因此对总的气化反应速率和气化炉的运行影响都非常小，而速率较慢的煤焦气化反应过程最终影响气化炉的设计和稳定运行。

1.1.2.1 煤焦气化反应过程及化学反应

煤焦的气化反应是非常复杂的过程，根据反应物的相态分类，可划分为非均相（气固）反应与均相（气气）反应两种类型。非均相反应是指固体煤或煤焦与气化剂或气相产物之间发生的气固反应，主要包括碳的完全燃烧和不完全燃烧反应、碳与水蒸气或CO_2的反应以及碳的加氢反应，具体反应见表1-1中R1~R5；均相反应是指气相产物之间或气相产物与气化剂之间发生的气气反应[13-14]，主要包括甲烷化反应、CO与H_2的燃烧反应和水蒸气的变换反应，具体反应见表1-1中R6~R9。

表1-1 煤气化过程的基本化学反应[14]

反应类型	反应名称	反应方程式	ΔH (298K, 0.1MPa) kJ/mol
非均相反应	R1 完全燃烧	$C+O_2 \longrightarrow CO_2$	-111
	R2 不完全燃烧	$C+1/2O_2 \longrightarrow CO$	-394
	R3 CO_2气化反应	$C+CO_2 \longrightarrow 2CO$	173
	R4 水蒸气气化反应	$C+H_2O \longrightarrow CO+H_2$	131
	R5 加氢气化	$C+2H_2 \longrightarrow CH_4$	-75
均相反应	R6 变换反应	$CO+H_2O \longrightarrow CO_2+H_2$	-41
	R7 甲烷化反应	$CO+3H_2 \longrightarrow CH_4+H_2O$	-206
	R8 氢气燃烧	$H_2+1/2O_2 \longrightarrow H_2O$	-242
	R9 氧化碳燃烧	$CO+1/2O_2 \longrightarrow CO_2$	-283

就表1-1而言，整个气化过程似乎通俗易懂。在这些反应中，R3和R4在气化炉中的进行情况尤为关键，具有非常重要的意义，因而其一度成为各研究者关注的热点。但是，这两类反应都属于典型的非均相反应，且煤的粒度和煤焦结构的复杂性质均使气化

反应过程存在着差异。此外，反应装置内的压力、温度和传质传热及扩散对反应过程的影响不容忽视，同时综合考虑热解条件也对煤焦结构和气化反应性产生一定程度的影响，众多因素的共同影响导致了煤气化反应机理的复杂性。

1.1.2.2 煤焦气化的反应机理

众多研究者在对碳与水蒸气和 CO_2 的反应充分研究后，对煤气化过程的理解并不再局限于上述的化学反应方程式，提出了许多值得参考的反应机理，其中以 Lahaye 等[15]提出的活性位和相关活性点面积的概念最为大家所接受。整个气化反应机理如图 1-3 所示。

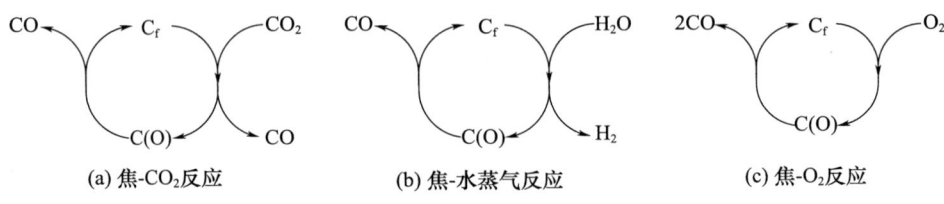

(a) 焦-CO_2反应　　(b) 焦-水蒸气反应　　(c) 焦-O_2反应

图 1-3　煤焦气化反应机理

该机理提出在气化过程中反应活性位 C_f 将和氧原子结合，生成碳氧复合物 $C(O)$，其随后分解成 C_f 与 CO，这种新生成的 C_f 将继续和氧原子结合，继续生成 $C(O)$，此过程为连续循环的反应过程。但是，该机理过于简单，而且在实际的气化过程中煤气化反应也不是不可逆的，Agarwal 等[16]和 Ergun 等[17]均发现了 CO 对气化的抑制作用，而 Weeda 等[18]还发现 H_2 对煤与水蒸气反应的抑制作用。CO 和 H_2 对煤气化反应的抑制作用使得上述机理在应用中存在很大限制，说明气化反应过程的复杂性及机理的深入仍需要进一步探索。

1.2　热解条件对煤焦结构和反应性的影响

原煤经过热解生成煤焦的过程中伴随着物理化学结构的变化，不同的热解条件导致煤焦的物理化学结构有很大区别，进而引起后续的煤焦气化反应性的差异，因此为了掌握热解条件对煤焦反应性的影响，明确热解过程与反应性的关系，需要深入研究热解条件对煤焦结构的影响。由于本书的重点是对气化反应过程和机理的探索，所以主要概述热解条件对煤焦结构和后续气化的影响。同时，鉴于在诸多的热解条件中，热解气氛、升温速率、热解温度和停留时间的影响尤为明显，因而对以下几个方面进行详细总结。

1.2.1　热解气氛对煤焦结构及反应性的影响

热解气氛的差异不但会引起煤焦孔结构的区别，也导致煤焦中的官能团和芳香环的差异，进而影响煤焦的气化反应性。研究人员对比 CO_2 和 Ar 气氛下制备的煤焦结构与反应性的差异后得出了以下结论：常压 CO_2 气氛下制备的煤焦比表面积远大于 Ar 气氛下制备的煤焦，但是 Ar 条件下制备的煤焦的反应性更强，这主要是因为 CO_2 气氛下，煤焦中的小环芳烃容易被消耗，而相应的大环芳烃呈现增多的趋势，导致 CO_2 气氛下的煤焦反应性变差[19]。Ma 等[20]比较了在 H_2 和 N_2 气氛下热解焦的区别,发现当热解气氛为 H_2 时,H_2 与煤中的碳基质发生加氢气化反应,使得在煤焦的表面形成活性位,因此在 H_2 气氛下热解煤焦的反应速率比 N_2 下所得煤焦快。

1.2.2 升温速率对煤焦结构及反应性的影响

热解过程中,使用快速或慢速的升温方式制备的煤焦气化反应性有所区别,表明升温速率对反应性有不容忽视的影响。Liang 等[21]通过对比不同升温速率下制备的煤焦发现,在 50℃/min 下制备的胜利褐煤焦的反应性达到最大值,而神木煤焦反应性则是在 200℃/min 下达到最大值。由于反应器的限制,前人一般都是采用不同的制焦仪器研究升温速率对煤焦气化反应性的影响。Wu 等[22]以 6℃/min 的升温速率将煤在马弗炉中加热至目标温度,然后恒温 20min 后制备慢速焦;此外,又利用小型下降炉制备升温速率约在 1000℃/s 以上和停留时间低于 2s 的快速焦。通过对比煤焦的结构,发现慢速焦的反应性远低于快速焦的反应性,主要是由于慢速焦的孔隙率低和结构有序度高。Wang 等[23]在 N_2 气氛下使用管式炉和热重分析仪(TGA)观察到了类似的结果。此外,高升温速率(40~1000℃/min)显著提高了土耳其高灰分煤的气化速率[24]。对于较低的升温速率(5~15℃/min),并没有观察到升温速率对反应性的显著影响[25]。

1.2.3 热解温度对煤焦结构及反应性的影响

热解终温不仅影响煤焦的石墨化度,而且在某些情况下引起煤焦中的灰分熔融和无机矿物质之间或无机矿物质与有机质间发生反应,这些变化均影响煤焦的结构,进而改变煤焦的气化反应性,因此它是影响煤气化反应的关键性因素。徐秀峰等[26]通过研究热解温度在 800~1000℃ 范围内褐煤的反应性时发现,热解温度的升高使褐煤的碳微晶尺寸增加,提高了煤焦中碳的石墨化度,最终导致褐煤焦与 CO_2 或 O_2 反应性的降低和活化能的增大。唐黎华等[27]通过将制备的不同热解温度下的高温焦气化,发现矿物质的熔融是热解温度影响气化的根本原因。一旦热解温度接近或高于煤的软化温度,煤焦中矿物质的分散程度和聚集状态都发生改变。另外,矿物质随热解温度的提高由初始的随机分散分布演变为团聚状态,且温度越高,团聚成的颗粒尺寸越大,将增强对气化过程中扩散的影响,降低催化作用,最终导致煤焦的反应速率的降低。

1.2.4 停留时间对煤焦结构及反应性的影响

停留时间对煤焦的结构和产物分布均有很大的影响,继而影响煤焦的反应性。徐秀峰等[26]研究了热解停留时间对云南褐煤煤焦结构的影响,发现在热解过程中停留时间越长,制备的煤焦中碳的石墨化度越高,与空气气化的反应性越低。刘辉等[28]研究了热解条件对褐煤煤焦结构的影响,发现随停留时间的延长,煤焦的比表面积和孔容均降低,这是由于煤焦原始的孔结构易受高温熔融所致的表面张力影响,所以最初的各种孔的孔径变小甚至被关闭,且引起孔的坍塌或合并。

综上所述,热解条件会从本质上影响煤焦的物理结构,而结构的差异决定了煤焦气化反应性,因而不同热解条件对后续煤焦气化反应性的研究影响显著,只有更接近实际工业炉气化工况的条件才能提供更有价值的数据。

1.3 煤焦气化反应性的影响因素

随着研究者对煤焦气化过程和机理的不断深入认识和探索，表面上简单的气化反应逐渐呈现出极其复杂的情况。热解条件对煤焦结构和后续气化反应性的影响只是作为研究反应性的影响因素的基础，为了对煤焦气化反应性的影响因素有更为全面和准确的理解，众多因素的影响情况已被研究。煤阶、孔结构、活性位、内在矿物质和煤焦粒径等煤焦的自身性质作为内在因素对气化反应性产生显而易见的影响，而作为外在因素的气化条件（气化气氛、气化压力和气化温度）和反应装置对反应性也有很大的影响。

1.3.1 煤焦的性质

1.3.1.1 煤阶

各种各样的碳基材料，包括煤、生物质、石油焦、石墨、城市固体废物和污泥等已被广泛用于制备焦样，然后与CO_2进行气化反应。由于不同原料在固定碳、挥发物和灰分含量上存在较大差异，因此制备的焦的物理化学结构有很大不同，使得焦的反应性有差异。考虑到煤种的多样性，研究者们对多种煤的气化反应性进行了探索，以期找出最高效和合理的气化技术对特定煤种进行气化。

Huo等[29]对比了不同变质程度碳材料的气化反应活性差异，发现反应性顺序依次是石油焦＜遵义无烟煤＜神府烟煤＜内蒙古褐煤＜稻草＜木屑，并把煤焦的微晶结构、碱性指数和比表面积与反应性进行了关联，确定碳微晶结构是评价反应性区别的最重要的指标。也有研究指出，挥发分高的物质所制备的焦的反应性更高，这是由于挥发分在热解过程中比表面积的变化和孔结构的发展，使得焦基质中活性位点的浓度更高[30-31]。这种情况在气化低阶煤（高挥发分）焦比除石墨外的高阶煤（低挥发分）焦反应性更好的对比结果中最常见[32]。杨帆等[33]在热天平中发现煤阶对反应性的影响与原煤自身所包含的矿物质密切相关。然而，这些结论反映了煤阶对反应性的影响原因并未在研究者间达成共识。

尽管也有研究者发现了煤阶对煤焦反应性影响不存在规律性的关系[34]，但随着煤阶的增加，气化反应活性减少的结论已被大部分研究者所接受。

1.3.1.2 比表面积和孔结构

CO_2和煤焦之间的非均相反应发生在气体和固体的界面，主要包括了表面反应和扩散两个过程。因此，煤焦的比表面积（SSA）和孔结构是影响气化速率的重要因素。随着SSA的增加，反应发生的位置变多[35]。然而，关于煤焦的比表面积和孔体积对气化反应活性的总体影响，目前尚未得到统一的结论[36]。许多研究者建立了SSA与气化反应活性之间的相关性[37-39]。煤焦与CO_2在高温下的气化反应性得到提升，导致煤焦中的孔隙结构更发达，比表面积更大，这将显著增加碳与氧化自由基的反应位点数量。

Liu等[6]发现，当碳转化率达到90%前，煤焦的多孔结构先迅速发展，然后迅速坍塌，直至整个反应过程结束。通过对不同气化阶段的煤焦进行Brunauer-Emmett-Teller

比表面积测估分析,结果表明气化反应发生在气孔内,在碳转化率为 90% 以下时,孔逐渐变宽,并有新的孔形成。此外,Komarova 等[40]发现非均匀的煤焦与 CO_2 反应大多发生在中孔的表面上,这可能是从煤焦初期的微孔表面积发展转变来的。另外,在所研究的气化温度下,总的煤焦孔隙率在碳转化率从 0.1 增加到 0.82 的气化过程中呈线性增加,这种现象在 Jing 等[41]对烟煤煤焦气化的研究中也曾观察到。在无烟煤 CO_2 气化和热解研究中发现,与热解焦[42]相比,气化焦中存在更多直径为 1.7~30nm 的中孔。Zou 等[43]发现,随着碳转化率的增加,无灰煤焦的比表面积显著增加,导致气化速率显著提高。相比之下,在高碳转化率阶段,原煤焦和 HCl 洗的焦的比表面积都下降。

由此可见,煤焦的比表面积与气化反应活性有关,较高的 SSA 对煤焦反应性基本上表现为一个可忽略的或正相关的作用。然而,更高的 SSA 的促进行为高度依赖于多个其他参数,如煤焦中碳的微晶结构、活性位点和矿物含量。

1.3.1.3 活性位

活性位的浓度可以看做是决定煤焦反应性的支撑参数[44]。煤焦由多环芳香结构组成,这些多环芳香结构在气化过程中是惰性的。然而,边缘碳、与杂原子结合的碳原子以及与芳香团簇结合的新生位点的活性至少比碳原子高一个数量级,因此被认为是碳活性位点[44-45]。遵循用于半焦和二氧化碳反应动力学的成熟的 Erguns 模型[46],CO_2 气化反应是随 CO_2 在活性位点(C_f)分解的,而碳-氧表面络合物和 CO 分子的生成是在不断进行的。然后,碳-氧配合物与焦中的碳会生成一个新的自由活性位和另一个 CO 分子[47]。

$$C_f + CO_2 \longrightarrow C(O) + CO \tag{1-1}$$

$$C(O) + C \longrightarrow CO + C_f \tag{1-2}$$

活性位是决定煤焦气化速率的特征指标。但是,由于没有通用的活性位测定方法,所以其定量测量仍是一个关键问题。许多研究人员发现,CO_2 的化学吸附可以代表煤焦中活性位点的数量[44,47-48]。强化学吸附量(C_{strong})为 CO_2 的不可逆化学吸附,与无机活性位有关;弱化学吸附量(C_{weak})为 CO_2 的可逆化学吸附,与煤焦中的有机质有关。

1.3.1.4 内在矿物质

煤焦的整个气化反应可以认为是矿物质的催化过程和非催化过程的结合,因此气化速率受催化和非催化气化速率的共同影响。众所周知,非催化气化速率受煤焦的物理化学性质的影响,而催化气化速率主要受煤焦中的碱和碱土金属控制[49]。内在矿物对含碳材料的 CO_2 气化反应性有很大的影响,尤其是对低阶煤和生物质等材料的气化特性影响更为显著[49-50]。

已有大量报道发现碱和碱土金属(AAEM)对煤焦的气化反应起到显著的催化作用,并可作为反应的活性位点[51-52]。He 等[53]发现 AAEM 以及氧含量与不同的煤、生物质和城市垃圾的反应性相关。其他固有矿物如硅铝矿物质则是通过与碱土金属等反应,减少可用于反应的金属数量阻碍气化反应,气化过程中硅酸盐的生成也已被广泛观察[54-55]。结果表明,K/Si 的质量比与煤焦的反应活性有关,K/Si 的质量比大于 3 时,可以加快气化反应速率[54]。Byambajav 等[56]利用定量关联的方法获得了初始催化活性与（Ca+Na）/Si 比值之间的相关性数据。为了量化含碳物质灰分中的内在矿物质对煤焦反应性的催化作用，提出了碱性指数（AI）的概念[7]，并将其定义为：

$$AI = A^a \times \frac{Fe_2O_3 + CaO + MgO + Na_2O + K_2O}{SiO_2 + Al_2O_3} \tag{1-3}$$

许多研究者发现碱性指数越高，气化反应活性越高[36,57]。但也有研究报道，不同生物质和煤的气化反应活性与碱性指数之间没有明显的相关性，因此原料的特性并不是影响气化反应活性的主要因素，而煤焦中的碳微晶结构对气化反应活性却起着重要作用[29,58]。后者可归因于与生物质（如竹锯末[58]）的高度可变性相比，煤中含有更加有序的碳结构和微量的金属。与比表面积和反应性的关系相似，在所有的情况下，较高的碱性指数对煤焦的反应性起到一个可忽略的或正相关的催化作用，这在 Lin 等[59]研究中已经发现。通过研究木材、稻草和芒草的二氧化碳气化反应，发现尽管稻草和芒草具有更高的碱含量，但气化反应活性比木材低，这主要由稻草和芒草中硅含量较高所致。

此外，在含碳物质气化过程中，矿物成分是影响碱金属迁移转化的重要因素，气化和热解条件也可以显著影响碱金属和碱土金属（AAEMs）的释放特性[60-61]。AAEMs 在固固和气固相的迁移可导致挥发性 AAEMs 成为挥发分与焦相互作用的反应物，同时 AAEMs 的释放与含碳物质的理化结构演变相互影响[62]。因此了解含碳物质热转化过程中 AAEMs 的释放特性非常必要。目前研究人员大多通过测量气化后焦炭中碱金属残留量来分析碱金属的释放，采用的是离线分析方法，例如上述文献所用的电感耦合等离子体质谱仪（ICP-MS）。然而气化过程中碱金属的实时释放特性尚不清楚，因此有研究者使用了原位仪器探究碱金属的释放特性，可以深入认识含碳物质热转化过程中的反应过程和机理。

1.3.1.5 颗粒粒径

由于煤焦的气化反应存在着传质传热现象，因此颗粒的大小在气化过程中起着至关重要的作用。随着煤焦颗粒尺寸的增大，CO_2 和热量向颗粒核心的扩散变得更加困难，从而导致气体浓度和温度梯度提高。许多研究指出，减小粒径可显著提高气化速率[63-66]。据报道，对印度和土耳其高灰分煤的研究发现，对于 60~900μm 范围内的颗粒，较小的颗粒导致较高的 CO_2 气化速率[24,67]。在高灰分煤中观察到的现象也可以在粒径为 60~900μm 的生物质焦中观察到[68]。但也有报道指出，气化温度为 950~1100℃时，颗粒粒径在 420~2300μm 内的低阶煤的气化过程与颗粒大小无关[69]。然而，在一项粒径小于 75μm 的类似研究中，气化速率随着粒径的减小而增加[70]。粒径在 106~1000μm 的低阶煤的气化过程中，粒径的影响可以忽略不计[71]。Tanner 等[72]发现，在 38~53μm 和 75~90μm 粒径范围内，颗粒的反应速率没有差异。有研究报道，粒径在某个阈值以下时，对气化反应动力学没有影响[65,73]。颗粒粒径的阈值变化可能是由于实验条件的不同，最常见的粒径阈值为 74μm，被广泛认为是颗粒内扩散的极限[74-76]。然而，在最近的一项研究中，Vejahati 等[77]发现 50~75μm 的颗粒仍存在颗粒内扩散，不同燃料的颗粒内扩散应独立进行研究。

综上所述，碳结构是半焦的骨架，决定活性位数量，而孔结构为气固反应提供界面，决定反应物和生成物的传质过程，均常被认为是反应性的关键因素；无机矿物中的

AAEMs 对反应有不同程度的催化作用，而铝、硅和磷的抑制反应已达成共识。从结构方面分析，煤焦气化反应性受多种因素影响，由于研究者选取煤种的差异，因而得出影响煤焦气化反应性的决定因素并不统一。此外，许多结构与反应性的研究常局限于单个结构因素对反应性的影响，缺少系统和完整的结构模型预测气化反应性。同时，单个因素决定反应性的结论会误导研究者对气化反应过程中煤焦结构和反应性变化以及反应机理的认识。

1.3.2　气化条件

1.3.2.1　气化气氛

根据上述对煤气化反应过程中发生的化学反应的总结，再考虑到不同的气化炉中气化介质（空气、氧气、水蒸气和 CO_2 等）的含量有较大的不同，许多研究者研究了气化气氛对煤焦反应性的影响。由于水蒸气和 CO_2 与煤焦中的碳发生的气化反应在整个气化反应过程中是意义最为深远的反应，因而对这两种气氛的研究最广泛。张林仙等[78]通过对比 6 种无烟煤在水蒸气和 CO_2 中的反应性区别，发现无烟煤煤焦和 CO_2 的反应活性与无烟煤中所赋存的具有催化活性的矿物质有关，而无烟煤煤焦与水蒸气的反应活性是由煤种的煤化程度主导，反应活性随煤阶的提高而减小。此外，无烟煤煤焦与水蒸气的反应速率约为与 CO_2 反应速率的 10 倍。Kajitani 等[79]在加压滴管炉中探索了气化剂的分压对煤焦反应性的影响，结果表明在同样的分压条件下，煤焦与水蒸气的反应速率为煤焦与 CO_2 的 4 倍，并发现气化反应速率随气化剂的增大而提升，但当 CO_2 分压大于 25％和水蒸气分压大于 16％后，反应速率将不再随气化剂分压的增加明显提升。对于 CO 和 H_2 对反应性的影响，Huang 等[80]利用热分析进行了详细探讨，发现煤焦与 CO_2 和水蒸气的反应活性位有较大差异。

在其他气化条件基本相同的情况下，气化剂对煤焦反应特性的影响情况已达成共识。同种煤焦样品与不同气化剂的反应速率基本顺序依次为：氢气＜CO_2＜水蒸气＜空气＜氧气。但考虑到实际的气化炉中不同气化剂是共同存在的，国内外研究者研究了煤焦在不同气化剂混合气氛与单一气氛反应特性的区别，尤以 CO_2 与水蒸气的混合备受青睐。鉴于此书主要集中于对反应速率最为缓慢的煤焦与 CO_2 的气化进行的深入探究，因而不再赘述。

1.3.2.2　气化温度

气化温度作为气化反应的外在因素，对煤焦的反应速率有极其重要的影响，在一定的温度范围内，反应速率会随温度的升高明显加快。但是，煤阶和扩散等因素的影响可能导致上述温度单调地提升反应性的规律出现异常的情况，如随温度的升高，反应速率可能无明显的改变或出现降低的情况。

林晓巍等[81]通过热重分析仪（TGA）研究不同煤焦与 CO_2 的反应性，发现在气化温度不超过 1050℃的条件时，气化温度的提高可以显著加快反应速率，这与 Tremel 等[82]利用加压 TGA 研究褐煤焦气化的研究结果相同。Liu 等[83]利用自制的气化装置在温度 1000～1300℃范围内，对不同煤阶的煤焦在 CO_2 气氛中的反应特性进行探索，认为随气化温度的增加，三种煤焦的反应速率基本呈加快的趋势，但因为灰分的熔融影响了煤焦结构，导致两种煤焦在温度为灰熔点附近（1150～1200℃）时的反应速率变化趋势出现了异常。此外，Liu 等[84]通过研究气化温度对反应速率的影响，发现气化温度在灰熔点附近时略微影响反应速率，引起速率的降低。Wu 等[85]以神府煤焦为原料，研究其在气化温度为 950～1400℃ 范围内与 CO_2 的反应特性，发现气化温度的升高有利于提高反应性，但当气化温度高于煤灰的熔融温度时，气化温度对气化反应性的提升效果逐渐变小，继续增大到更高温度范围，气化温度对反应速率几乎没有影响，并将此现象归结于气化反应的控制机制由化学反应控制逐步在 1150℃ 附近转变为扩散控制。

综上所述，许多研究者对气化温度对煤焦与 CO_2 的反应特性的影响进行了大量的探究，但结论并不统一，表明气化温度的影响非常复杂。尤其是，研究者对异常现象的原因进行了深入分析后，普遍认为除了与灰的熔融和孔隙的填充有关外，更可能是气化反应控制机制的改变所致。根据气化温度的变化，气化反应可能由化学反应、内扩散和外扩散分别或共同控制。如图 1-4 所示，根据气化温度对煤焦反应性影响程度的差异，由 Rossberg 和 Wicke 将气化反应分为了三种不同机制控制的区域，描述了反应速率与温度的关系[86]。

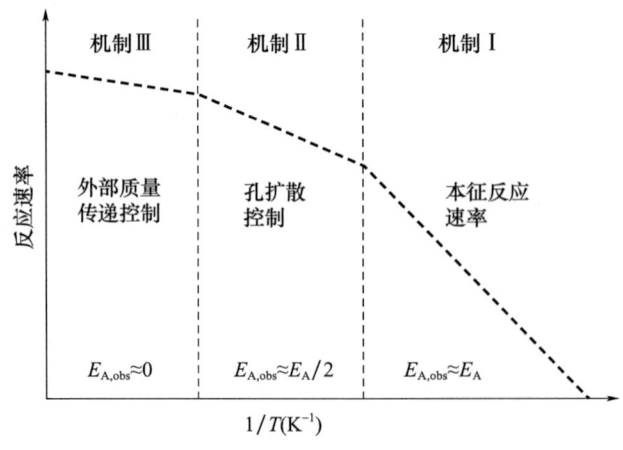

图 1-4　三种反应机制反映多孔碳的反应速率随温度的变化[86]

机制Ⅰ（第一区域）：气化温度相对较低，煤焦的气化反应速率也较低，本征反应速率比内外扩散速率低，整个颗粒的反应物气体浓度基本恒定，所以将此区域称为化学反应（本征反应）控制区域。在此区域，温度的升高可以明显地加快反应速率，且获得的表观活化能与本征活化能相等。在一定的温度下，由于反应速率的指数性质，质量传递变得非常显著。

机制Ⅱ（第二区域）：较高的气化温度下，本征反应速率随之加快，限制反应速率的主要因素是反应物气体通过多孔煤焦颗粒的孔隙扩散，因而称为内扩散控制区域。在此区域内，表观活化能约为本征活化能的一半。

机制Ⅲ（第三区域）：更高的温度区域内，煤焦的反应速率已接近最快，由于气化剂在煤焦表面会被迅速消耗，即气化剂尚未扩散至煤焦孔隙中已完全反应，因而外扩散传质阻力成为了影响反应速率的主要过程，将此称为外扩散控制区域。由于和本征反应相比，扩散传质对温度的依赖性较弱，测得的反应速率仅随温度略有增加。

当然，气化反应过程的复杂性也决定着随温度的变化或反应的进行，反应的控制机制会不断发生改变，甚至出现两个控制机制共存的情况。同时，煤种和热解条件等的差异必然引起煤焦的物理化学结构有所不同，相应的本征反应速率也不同，导致控制区域间的温度分界线是不固定的。因此，气化温度对煤焦反应性的影响一直备受关注。

1.3.2.3 气化压力

工业气化炉通常是在 3~8.6MPa 的高压条件下运行，因而研究压力对气化反应性的影响，对气化炉的操作及设计都有重大的指导意义。气化反应中的传质和传热过程与气体压力直接相关，因而导致压力对气化反应性的影响极为复杂。高压和高温下，气化过程不再受化学控制，因而颗粒内扩散和外扩散的影响显得意义重大。研究发现次烟煤在 0.1MPa、0.5MPa 和 1MPa 条件下气化过程中，反应压力的增加提高了反应速率，然而，在最高温度（950℃）和最高压力（1MPa）下的反应性没有增加，表明反应机制可能由化学控制转移到颗粒内扩散控制[87]。一些研究人员得出结论，较低的温度下，压力的提高，反应性增强的效果更好[88]。气化温度为950℃下的褐煤和亚烟煤的气化过程中，压力从 0.1MPa 提高到 1MPa，反应性增加，但由 1MPa 增加到 2MPa 时增加不显著[89]。

目前，普遍采用固定气体总压，调整气化剂分压，或者固定气化剂分压，调整总压的两种方法考察压力对煤焦气化反应的影响。在总压固定的条件下，增加分压可以加快反应速率，但分压确定时，总压的改变对反应速率的影响是微乎其微的。Kajitani 等[79]在加压滴管炉装置中研究了在气化压力范围为 0.2~2MPa 下，压力对烟煤煤焦的反应性的影响，结果表明，在总压是 0.5MPa 下，气化剂（水蒸气和 CO_2）与煤焦的气化反应性都随其分压的增加而呈线性增大的趋势，相应的分压反应级数分别是 0.86 和 0.73。同时，如果将气化剂的分压分别控制在 0.2MPa 和 0.5MPa 时，增大总压对反应速率几乎没有明显影响。与此对比，Ahn 等[90]却发现在总压固定时，次烟煤与 CO_2 的反应速率随 CO_2 分压的增加而明显增大，相应的反应级数是 0.4，但在恒定的分压下，反应速率反而随总压的增加而降低。

由此可见，CO_2 分压对于气化的影响非常重要，而实际气化过程中气化剂是水蒸气、氮气、CO_2 和其他微量元素的混合物。文献报道发现，入口气体中 CO_2 含量的增加可以加快气化反应速率[91-92]。Zhou 等[93]发现将 CO_2 浓度从 60% 增加到 100% 可以提高气化反应速率，达到 50% 碳转化率的时间减少了 33%。但 Kim 等[94]得到不同的结论，在某些情况下，CO_2 分压的提高超过 70%，导致煤焦的气化反应速率下降，这是 CO 产生的抑制作用。

1.3.3 气化反应装置

由于实验仪器自身的设计和操作要求有所区别，所以不同的热解和气化装置中的传热传质过程存在巨大差异，将影响煤焦的结构和后续的气化反应过程，尤其气化反应的动力学数据通常是在各种实验室仪器上测定的。

图 1-5 是基于 Irfan 等[95]的和 Di Blasi[96]的两篇综述文章对煤和生物质气化实验装

置的总结。首先，热重分析仪是最为常用的气化装置，约占所有使用反应装置的 61.9%，其次，固定床占 18.5%，滴管炉占 7.6%，流化床占 5.4%，丝网反应器和其他各占 3.3%，其他仪器主要有高温热台显微镜等，目前各仪器已成功应用于气化反应的研究中。

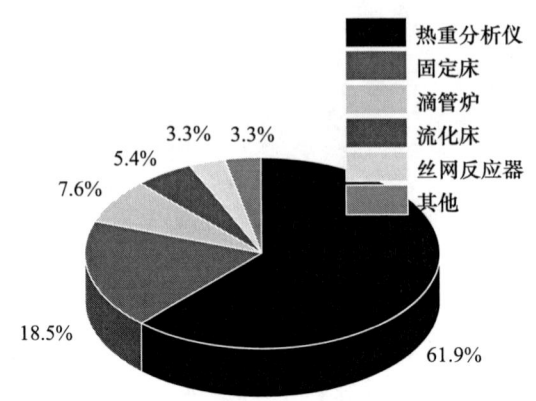

图 1-5　利用不同的气化装置测定 CO_2 的反应性和动力学

1.3.3.1　固定床反应器（FFB）

固定床气化技术作为最早实现工业化的煤气化技术已较为成熟。在实验室中，利用管式炉和反应管（与固定床气化条件接近）可以实现按照国标 GB/T220—2018《煤对二氧化碳化学反应性的测定方法》测试出煤的气化反应活性的应用[97]。具体实验步骤为：利用管式炉在 15～20℃/min 升温速率下，将原煤升温至 900℃制备一定粒度的煤焦，然后将其放入反应管后通入一定流量的 CO_2，在一定的温度下，利用奥式气体仪测出气体产物中 CO_2 的含量，并最终采用 CO_2 还原率作为评价反应活性的指标。此国家标准虽然可以有效地评价块状常压固定床气化的气化情况，但与流化床和气流床气化炉的实际运行条件相差很大，同时综合考虑实验所需样品量大和操作复杂以及实验结果的区分度差等缺点，该国家标准的适用性在逐渐变弱，需要图 1-5 所示的其他气化装置提供更有参考价值的气化炉设计和运行数据。

1.3.3.2　热重分析仪（TGA）

热重分析仪（TGA）因具有相对方便、快速、所需样品量少的优点，成为研究煤焦气化反应性和动力学的最为广泛的分析选择[65]。TGA 是一种在一定的温度控制程序下测量样品质量随反应的进行（时间）而变化的热分析仪器，它可以实时地采集到整个反应过程的数据，而且数据点极多，非常有利于通过对数据的进一步处理后得到煤焦气化的反应动力学参数，进而对煤焦的整个气化过程和反应机理有更深入和精确地理解。目前，根据实验条件的差异通常将气化反应的方法分为等温热重气化法和非等温（程序升温）热重气化法[98]。

等温热重气化法是将制备的煤焦在惰性气氛（通常是 Ar 或 N_2）下以特定的升温速率将炉膛温度升至目标温度，然后把 Ar 或 N_2 等惰性气氛调至气化剂气氛，并在此气化温度下实时记录样品质量随时间的变化,直至反应结束。为了获得煤焦的反应动力学数据,需要测试出多个等温点下的反应结果。该方法存在很大的缺点:煤焦在惰性气氛的升温过程中,煤焦的结构可能会因"二次热解反应"而发生变化,同时升温速率可能影响实验结果,因而不能保证煤焦反应性的准确性。尽管如此,等温气化一直以来也被认为是最广泛的气化反应性测定方法。

非等温热重气化法则是在未升温前就向炉膛中通入气化剂,然后以恒定的升温速率将温度升至目标温度。通过与等温热重法对比可发现,非等温热重气化具有工作量少、获得信息多、有效避免温度的盲目选择、减小样品差异干扰、避免二次反应等优势。但升温速率与实际工业中的条件差异和数据处理复杂以及动力学结果的不确定性等方面也是非等温热重气化必须面对的缺点。热重的内外扩散、坩埚选择和不透明的装置设计问题也是两种方法都存在的缺陷,在后续中将详细解释。

1.3.3.3 微型流化床

近年来,基于过程质谱仪(MS)和气相色谱法等在线分析仪对产出气体的产率和组成进行测量,微流化床反应分析仪(MFBRA)被用于测试气固反应[99-100],是获得煤焦的整个气化反应过程的仪器。该仪器集微型的流化床快速传热传质、脉冲进样、快速质谱快速检测反应气体等优点于一体,可在任意预设温度下在线连续加样,并可通过保证煤焦与热电偶的良好接触而保障颗粒温度稳定,也可利用样品和气化剂的良好接触及气流量大的优势,最大可能地消除外扩散。但是,该仪器获得实验结果的重现性较差,而且操作复杂,获得的实验数据点也不多[101]。

1.3.3.4 丝网反应器(WM)

丝网反应器是一种采用电流实现将夹在两层金属丝网中间的煤颗粒进行瞬间快速升温的仪器。它可以通过控制气体转换和电流的方式以改变煤焦的反应时间,得到不同反应程度的气化残焦,并将其收集后用以计算气化反应情况。该仪器最大的优势在于可以最大限度地抑制"二次反应",还有非常高的升温速率并可精准控制,因而有效避免升温时煤焦结构的变化。但是,颗粒尺寸的限制和样品量过少导致的重现性差及对后续气化残焦结构的表征不利等缺点也限制了丝网反应器的推广[102-103]。

1.3.3.5 滴管炉反应器(DTR)

滴管炉反应器是一种提前将反应炉管慢速升温至预设温度后,利用重力和气体携带的方式在自动进料器作用下将煤颗粒连续加入反应炉的仪器[104]。其可以保证极高的升温速率,并配备有样品收集罐和气体分析系统,从而可实现固定产物的收集和气体产物的分析目标。此外,配备的可调节取样点位置的水冷取样枪也为制备不同反应程度(停留时间)的气化残焦提供了可能,而循环水冷也可以尽量保证制备的预设煤焦样品的结构变化较小。该气化装置的主要优点是升温速率及操作温度都极高,颗粒是分散且动态连续进入和停留时间短等与工业气化炉的条件非常接近。但是进料的均匀性和稳定性不易控制,部分数据只能通过理论假设计算,操作时间长,数据点少且结果重现性差是必须考虑的缺点。

1.3.3.6 高温热台显微镜（HTSM）

高温热台显微镜是一种将高温热台和显微镜耦合以提供高低温原位的条件观察样品在反应过程中形态变化的实验仪器，一直以来多用以实时观察样品在升降温过程中发生的岩相学变化、相转变和降温结晶等变化[105-106]。除了高温热台可以精准控温、快速升温、清晰便捷以及与较多的结构分析设备如拉曼光谱和扫描电子显微镜等进行耦合的优势外，实时原位观察形貌的可视化特点能提供更真实的原位反应情况，以保证机理推测的准确性，这让其在未来的应用发展提供了不可估量的可能。不过，在煤焦气化反应特性和动力学的研究中应用相对较少，且受限于图片处理技术的发展。但是，现有的研究表明利用热台显微镜为从单颗粒形貌变化的角度重新认识煤焦气化反应过程，提供了大量有参考价值的信息，因而进一步探索该仪器的使用。

由此可见，不同实验室气化仪器之间测量原理和方法决定了每个仪器都存在优缺点，只有接近实际工业条件的研究才能提供更准确的指导价值。不同仪器之间由于炉膛体积和操作条件等差异，所测实验结果通常有很大差异。在不同仪器中气化反应特性和动力学的对比因仪器间差异的复杂性而在文献中报道较少。

1.4 煤焦气化过程中的扩散研究

随着对煤焦气化反应过程和机理认识的逐渐深入，国内外学者在使用实验室气化装置对煤焦气化特性的研究中关注到传质传热过程和化学反应之间存在着复杂的联系，同时综合考虑到实际的工业应用也会不可避免地存在这种本质性问题。因此，传质传热对反应性的准确测定和促进气化技术发展有举足轻重的作用，继而从煤气化技术日益向高温高压方向的快速发展角度分析，传质传热中的扩散影响情况更是问题的关键。TGA作为最为广泛使用的设备，可以清楚地反映气化过程中的扩散，而本书同样大量使用了TGA，因而以TGA为例对煤焦气化过程中的扩散问题进行分析。

如图1-6所示，整个气化过程中，气化剂不仅需要由气相主体扩散到煤焦样品的外表面，而且需要通过外表面逐渐向样品颗粒的内表面继续扩散，最后在内、外表面上发生反应。相应的反应产物却是沿着相反的方向，向气相主体中扩散，详细的情况通常被总结为以下几步[107-108]：

(1) TGA炉膛内的CO_2通过边界层自由流动到坩埚表面（外扩散）；

(2) 气相主体在坩埚中颗粒床层的外表面至坩埚口的滞留空间的扩散（床层外扩散）；

(3) 一定量的气体进一步进入颗粒层引起的床层扩散（床层内部扩散）；

(4) 通过颗粒边界层的质量传递（在颗粒内的扩散和反应）；

(5) 通过颗粒的孔扩散和在颗粒孔表面的反应（在颗粒内的扩散和反应）。

这些步骤也常作为反应机理用以解释气化反应过程中的规律。显然，颗粒粒径、气体流量和坩埚尺寸等和煤焦结构性质、气化条件和气化装置设置的差异对气化反应性产生影响的同时，也将引起内外扩散的不同。如上述许多研究者通过研究颗粒粒径对气化反应性的影响，发现减小粒径到一定阈值可认为消除内扩散[65,73]。为了消除外扩散对气化反应速率的影响，需要有足够的二氧化碳气体流向煤焦颗粒，气体的流动可以消除煤焦和二氧化碳反应界面处和颗粒内部的气体，并向煤焦的内外表面补充新鲜的二氧化碳，使其连续反应。虽然内外扩散的消除方法通俗易懂，但是各研究者在气化实验中的粒径和气体流量条件相差较大，这主要是因为实验装置的区别（尤其是坩埚尺寸无标准规范）和气化温度等条件的不同。正如上述气化温度对反应的影响可划分为三个不同控制区域，温度的升高会引起扩散程度发生变化，也证明了高温条件下的气化过程应高度重视扩散的影响，这种严谨的研究结果才能对指导实际的工业生产有准确的参考价值。

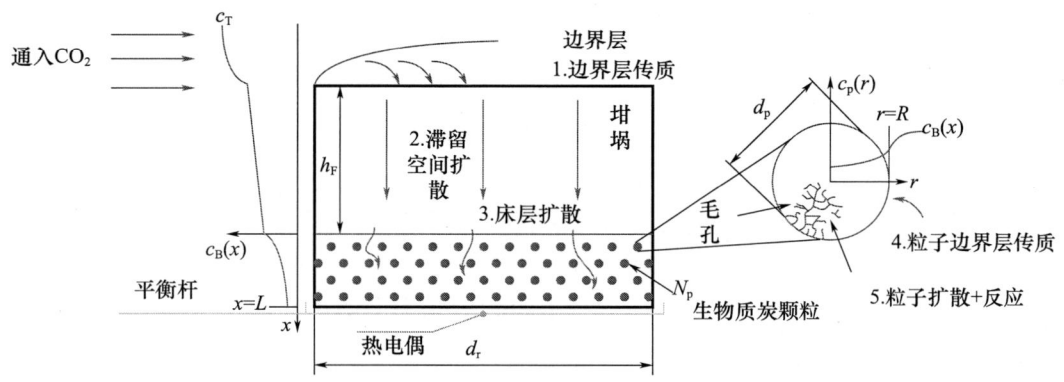

图1-6　在热重分析仪中的坩埚和限制总反应速率的步骤[107]

目前，对扩散的研究方法主要包括表观动力学法和效率因子法。前者将扩散的影响涵盖在表观动力学参数内，因而不易对其理解和解析。后者却是以本征反应动力学为基础，把扩散的影响包含在内外扩散效率因子中，以校正所得的动力学参数。许多研究者已对这些方法进行了扩展研究，但是通常是简单地利用动力学模型计算，鲜有将不同仪器中扩散的影响加以比较，同时根据扩散解释反应过程的研究也较少。因此，在未来的研究中，将扩散的影响做进一步深入分析能为理论研究和实际的工业生产提供桥梁，进而为新型的气化炉设计和稳定运行提供基础数据。

1.5　煤焦气化反应动力学

煤焦与CO_2的气化反应是典型的气固非均相反应，目前已有众多研究者通过使用不同的反应动力学模型对整个气化反应过程进行描述。由于研究煤焦气化的反应动力学可以为气化炉的合理设计和操作提供有价值的见解[109-110]，同时考虑到煤焦气化反应速率和反应机理的理解为评估整个气化过程提供了有用的信息（如它可以决定气化炉所需的体积[111]），所以建立一个普适性的煤气化动力学模型以准确描述整个反应过程一直是煤气化研究的重要内容。但是，煤种的复杂多样性（如挥发分含量、孔结构和灰分含量等）和其组成结构的不均一性，以及气化装置和反应条件的差异，将导致各模型的适用范围有所区别，而且相同的模型也可能得出截然不同的动力学参数。此外，在实际的气化过程中，煤焦的物理化学结构也逐渐改变，都对普适性模型的建立增大了难度。只有对前人已经总结出的多种煤气化反应动力学模型有更深入的理解，才能提出合理和准确的反应机理，从而对工业气化炉的设计和稳定运行提供正确的指导。众多研究者[112]已普遍认为，煤焦气化反应的总反应速率的动力学表达式可描述为：

$$\frac{dX}{dt} = k(P_g, T)f(X) \qquad (1-4)$$

式中，t 为反应时间（min）；k 为表观反应速率（%/min），由气化剂分压（P_g）和气化温度（T，K）决定；$f(X)$ 反映了反应过程中焦样的物理化学结构变化的动力学函数。

在本研究中，CO_2 在气化过程中的分压是恒定的，因此 $k(P_g, T)$ 可以用 Arrhenius 方程简单表示为：

$$k(T) = k_0 \exp^{(-E_a/RT)} \qquad (1-5)$$

式中，k_0 是指前因子（min^{-1}）；E_a 是反应的表观活化能（kJ/mol）；R 是理想气体常数，为 8.3145J/(mol·K)。

国内外研究者对煤焦气化反应的动力学参数计算进行大量探索，提出两种有效的方法。一是假设在气化反应过程中气化剂的分压保持恒定，根据已知的 $f(X)$ 函数确定反应速率和动力学参数。二是使用等转化率法或无模型法，这种方法不需要考虑选择了错误的动力学模型的风险，就可以确定活化能的变化[113]。此外，它允许在不假设任何特定的反应模型的情况下，有效地评估在不同碳转化率下的活化能[114-115]，更易于对整个气化过程中反应机理的理解。

1.5.1 煤焦气化反应动力学模型

针对不同数学表达式的 $f(X)$ 项，提出了几种不同的动力学模型，主要包含以下几种：

1.5.1.1 均相模型（VM）

均相模型通常假定反应同时发生均匀分布在颗粒表面内外的所有活性位点上，但是它不考虑在整个反应进行的过程中煤焦结构的演变，只认为颗粒的粒径保持不变，而密度会均匀地变化。同时，假设反应表面积随碳转化率增加而线性减小[116]。该模型假设此反应是一级反应为速率控制步骤，反应速率可表示为：

$$\frac{dX}{dt} = k_{VM}(1-X) \qquad (1-6)$$

式中，k_{VM} 为均相模型的反应速率常数；X 为固定碳转化率。

1.5.1.2 修正体积模型（MVM）

由于均相模型存在着明显的缺点，只是简单地反映碳转化率与反应时间之间的关系，并未考虑到在气化反应过程中样品的表面积和活性位点也会随反应的进行而不断变化的情况，所以在利用均相模型模拟整个反应过程时，无法表现出气化反应速率存在着拐点的现象，而大量实验结果发现煤焦的反应速率随碳转化率的增大呈现出先增加后减小的趋势，存在着最大值点。为此，Kasaoka 等[117]针对此模型的拟合结果和实验现象存在着巨大区别，将均相模型进行修正，进而提出修正体积模型。该模型的表达式为：

$$X = 1 - \exp(-at^b) \qquad (1-7)$$

然后将均相模型的表达式与公式联立后可推导出速率常数和反应速率：

$$k_M = a^{\frac{1}{b}} b \left[-\ln(1-X) \right]^{(b-1)/b} \tag{1-8}$$

$$\frac{dX}{dt} = (1-X)abt^{(b-1)} \tag{1-9}$$

平均速率常数可通过积分求得：

$$k_{MVM} = \int_0^1 k_M dX \tag{1-10}$$

式中，参数 a 与 b 只是实验数据的拟合值，因为它们只是根据实验现象对均相模型进行的经验性改进，所以目前并未对其实际意义有明确的定义。

根据此表达式可以推断：当 $b=1$ 时该模型完全等同于均相模型；当 $0<b\leqslant 1$ 时，不论 a 值的大小，最大反应速率都出现在反应开始时，代表着整个气化反应过程中反应速率是随碳转化率的增加而单调减少的；当 $b>1$ 时，气化反应速率是在此过程的某一时刻达到最大值。

1.5.1.3 收缩未反应芯模型（URCM）

收缩未反应芯模型如图 1-7 所示[118]。URCM 假设多孔颗粒是由均匀的无孔球形颗粒组成的聚合体，反应最初发生在这些颗粒的外表面。随反应的不断进行，颗粒的表面不断发生反应，然后逐渐向颗粒内移动，导致未反应的碳芯的半径不断减小，并在未反应的碳表面形成灰层[119]。此外，气化过程中，每个颗粒都适用于未反应核的行为，灰层会逐渐增厚，而未反应的碳芯的半径会逐渐收缩，导致气化剂不断向颗粒内部扩散。当气化反应受化学动力学控制，且颗粒为球形时，反应速率可表示为：

$$\frac{dX}{dt} = k_{URCM}(1-X)^{2/3} \tag{1-11}$$

式中，k_{URCM} 为收缩未反应芯模型的反应速率常数。

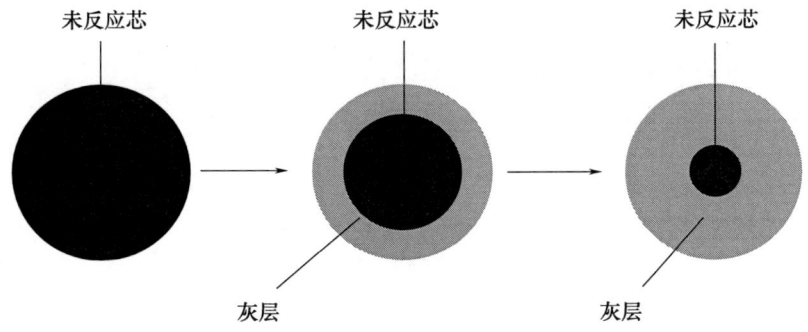

图 1-7　收缩未反应芯模型[118]

1.5.1.4 混合模型（MM）

因煤的组分和结构都极其复杂，煤种的差异导致适合的模型也有较大区别，并且气化过程中，煤焦的比表面积演变规律也会不同，因而煤焦的气化反应过程不宜单纯地使用均相模型或收缩未反应芯模型或简单地认为是二者的结合来描述，即代表 $(1-X)$ 的指数是不固定的数值，因而许多研究者通常利用 MM 模型描述煤气化反应过程。此模型不但考虑了某些参数的物理意义和理论方面的关联（反应速率和气化温度符合 Arrhenius 方程），而且经验性地把煤焦的结构因素融入与物质质量相关联的指数项中。此方程常选择的简单模型表达式为[120-121]：

$$\frac{dX}{dt}=k_{MM}(1-X)^m \tag{1-12}$$

式中，k_{MM} 和 m 的值通过实验数据拟合而得出，m 值是煤焦的表观反应级数，其主要受煤结构的主导，因而煤种不同将会有不同的 m 值。

1.5.1.5 随机孔模型（RPM）

上述模型都未曾考虑到煤焦在气化过程中孔结构的变化，为了对孔结构的演化规律有较好的描述，1980 年 Bhatia 和 Perlmutter 等[122-123]首次提出了随机孔模型（RPM）。该模型假设煤焦是一种由大量直径不均匀且随机分布的圆柱孔组成的多孔碳材料颗粒，同时考虑了在整个反应过程中气化初期孔隙生长的影响和相邻孔隙的合并和坍塌会对孔隙造成破坏的情况，通过引入孔结构参数 ψ，以预测含有中孔的碳材料在气化反应过程中反应速率存在着最大值的情况，目前已被广泛应用。RPM 的表达式定义如下：

$$\frac{dX}{dt}=k_{RPM}(1-X)\sqrt{1-\psi\ln(1-X)} \tag{1-13}$$

RPM 的表达式包含了两个参数：k_{RPM} 和 ψ，其中 ψ 表示初始煤焦颗粒样品的结构参数，由煤焦样品的比表面积、孔长度和固体孔隙率所决定；ψ 可以通过拟合而得[124]。相应的结果可由下式计算得出：

$$\psi=\frac{4\pi L_0(1-\varepsilon_0)}{S_0^2} \tag{1-14}$$

式中，L_0、ε_0 和 S_0 分别是煤焦的初始孔长度（nm）、固体孔隙率和孔表面积（m²/g）。考虑到碳转化率是随反应时间不断变化的，ψ 可以通过实验的碳转化率值得到：

$$\psi=\frac{2}{2\ln(1-X_{max})+1} \tag{1-15}$$

式中，X_{max} 为最大反应速率所对应的碳转化率%。

1.5.1.6 修正的随机孔模型（MRPM）

尽管 RPM 模型已被普遍认为是描述煤焦气化速率最成功的模型之一，但是该模型在某些条件下仍可能得到不好的拟合结果。各种碱金属催化过的煤焦等碳材料在气化过程中，反应速率的最大值通常会发生在碳转化率 $X=0.7$ 左右处[125]。因此，由于原始的 RPM 模型是用以预测最大反应速率发生在碳转化率低于 0.393 的情况下（$0 \leqslant X \leqslant 0.393$），所以无法描述富含高碱金属的生物质焦或其他碱金属催化后的焦样的气化反应曲线（其中反应速率最大值在高碳转化率下出现）。Zhang 等[126]针对这种情况，对随机孔模型进行了修正，其表达式为：

$$\frac{dX}{dt}=k_{MRPM}(1-X)\sqrt{1-\psi\ln(1-X)}\,[1+\theta^p] \tag{1-16}$$

式中，$\theta=cX$ 或 $\theta=c(1-X)$；c 和 p 均是经验常数。

1.5.2 等转化率方法或无模型法

等温气化条件下，根据上述等式（1-4）和式（1-5）提出了一个数学方程式：

$$\int_0^X \frac{\mathrm{d}X}{f(X)} = \int_0^t k_0 \exp(-E_\mathrm{a}/RT)\mathrm{d}t \tag{1-17}$$

根据 Gomez 等[113]和 De Micco 等[127]提出的等转化率法（无模型方法），式 (1-17) 可以整合为式（1-18）：

$$F(X) = k_0 \exp(-E_\mathrm{a}/RT)\, t \tag{1-18}$$

式中，t 为达到固定的碳转化率所对应的反应时间。

通过对等式（1-18）两边取对数，等转化率方法的表达式可以描述为：

$$\ln t = \ln\left[\frac{F(X)}{k_0}\right] + \frac{E_\mathrm{a}}{RT} = C + \frac{E_\mathrm{a}}{RT} \tag{1-19}$$

式中，$\ln\left[\frac{F(X)}{k_0}\right]$ 表示在某个特定的碳转化率下的数值，代表一个固定常数（定义为 C）；气化反应的表观活化能 E_a 可由在固定的碳转化率下的 $\ln t$ 与 $1/T$ 曲线的斜率求得。

无模型动力学也主要用于在非等温气化条件下进行估计动力学参数。考虑到 $\mathrm{d}T/\mathrm{d}t = \beta$，用以描述气固非等温反应速率的微分方程为：

$$\frac{\mathrm{d}X}{\mathrm{d}T} = \left(\frac{A}{\beta}\right)\exp(-E_\mathrm{a}/RT)f(X) \tag{1-20}$$

对此式积分后可以得到：

$$g(X) = \int_0^X \frac{\mathrm{d}X}{f(X)} = \frac{A}{\beta}\int_{T_0}^T \exp(-E_\mathrm{a}/RT)\mathrm{d}T \tag{1-21}$$

在分析煤焦的非等温气化反应动力学时，常采用单一升温速率法和组合升温速率法。前者具有代表性的有：Coats-Redfern[136]，而后者中通常有 Ozawa-Flynn-Wall（OFW）法[137-138]，Friedman 法[139]，Kissinger-Akahra-Sunose（KAS）法和 Starink 法[135]。表 1-2 参考了多篇文献总结了这几种常用的适用于 CO_2 气化反应动力学计算的无模型方法。

表 1-2 用于评估二氧化碳气化动力学的常见无模型方法

动力学方法	公式	升温速率数	参考文献
Coats-Redfern	$\ln\left(\frac{-\ln(1-X)}{T^2}\right) = \ln\left[\frac{AR}{\beta E_\mathrm{a}}\left(1-\frac{2RT}{E_\mathrm{a}}\right)\right] - \frac{E_\mathrm{a}}{RT}$	单一	[128]
OFW	$\ln(\beta) = \ln\left[\frac{AE_\mathrm{a}}{Rg(X)}\right] - 5.331 - 1.052\frac{E_\mathrm{a}}{RT}$	多个	[129-130]
Friedman	$\ln\left(\beta\frac{\mathrm{d}X}{T}\right) = \ln[Af(X)] - \frac{E_\mathrm{a}}{RT}$	多个	[129, 131]
KAS	$\ln\left(\frac{\beta}{T^2}\right) = \ln\left[\frac{AR}{g(X)E_\mathrm{a}}\right] - \frac{E_\mathrm{a}}{RT}$	多个	[132-133]
Starink	$\ln\left(\frac{\beta}{T^{1.92}}\right) = C - 1.008\frac{E_\mathrm{a}}{RT}$	多个	[134-135]

两种方法各有特点：单升温速率法是在一个给定的升温速率下评估热分析曲线，然后计算相应的动力学数据；组合升温速率法考虑了不同升温速率下的所有热分析曲线，可以得到近似平均的动力学数据，同时也可以用来验证利用单一升温速率法所得的动力

学数据的可靠性[132]。OFW、KAS 和 Starink 方法具有整体性,因此对信号噪声的抵抗能力更强。KAS 方法具有较高的精度,而 OFW 方法在热解和气化等各个研究领域的实际应用中是可靠的。Starink 方法旨在提高 KAS 方法的精度[140]。

1.6 本书研究的主要内容

我国煤炭资源储量丰富,能源消耗结构长期以煤为主导的现状决定了煤的高效清洁利用是保障我国经济发展的必然选择。煤气化技术作为煤高效清洁利用的龙头技术,在不断创造出众多化工产品的同时,也逐渐呈现出多元化和新型高效化的快速进步。为了保证煤气化技术的快速和高水平的开发进程与广泛应用,进而拓宽煤的利用方式,需要对煤气化过程和反应机理有更广泛和深入的认识。尽管已有很多研究者对煤气化反应特性及动力学进行了大量研究,并通过建立反应动力学模型为实际的工业气化炉的设计和优化及稳定运行提供了大量理论指导数据,但气化炉的种类多、煤结构的不均匀性和复杂性,导致无法解释反应过程中异常现象,无法确定模型的适用情况,因而仍需要大量数据支持煤气化技术的发展和气化炉长周期的稳定高效运行。

为了接近工业气化炉中快速高温热解的条件,本书中的煤焦均在高温下经快速热解制备。与较快的热解速率相比,煤焦的气化因在整个反应过程中反应速率较慢而成为速率控制的关键步骤,且煤焦与 CO_2 的反应速率与其他气化剂相比更慢,表明煤焦与 CO_2 的反应性与动力学的研究更具代表性。虽然热解条件、煤焦性质、气化条件和气化反应性测试装置对反应性的影响已有较广泛和系统的研究,并认识到各影响因素对反应性影响的实质是煤焦物理化学结构的差异,但对煤焦结构与反应性之间的定性和定量关系尚未有统一的结论。此外,现有的研究也不能提供较全面和准确的反应机理去解释所有的实验现象,这主要是受限于研究方法(设备和常用表征手段)与实际的气化情况有所偏差,所以需要综合利用多种测试技术或更先进的技术对煤焦结构和反应性进行多角度分析,为正确机理的阐述提供依据。尤其是,在气化过程中煤焦结构和反应速率是不断变化的,更值得研究以推测反应机理,而各实验室气化装置的测试结果因使用仪器在传质传热和分析方法等方面的差异更容易被忽略,这种差异的原因尚未深入探讨。应用基础实验研究的目的是明确反应机理并为工业应用提供理论基础,对不同仪器间的差异及原因的探索对以后的实验室研究和工业应用都有重大意义。多种因素的综合考虑也有利于对原有的气化反应过程和机理的深入认识。

本书利用更接近工业气化炉的快速升温装置制备不同条件下的快速煤焦,对快速升温条件下煤焦的理化结构与 CO_2 反应性及动力学进行了深入研究,为反应机理的明确和气化炉设计提供较系统的研究方法和基础理论数据,共可详细分为以下七部分:

第 1 章:概述煤气化反应过程及机理,明确研究煤焦气化反应特性和动力学的方法和意义,并总结煤焦气化反应性的影响因素,分析扩散对反应性的影响及重要性。

第 2 章:借助快速升温热重分析仪独特的高升温速率优势,研究升温速率对原煤热解过程及煤焦结构的影响,同时明确升温速率对后续原位煤焦气化反应性的影响规律,建立不同升温速率下煤焦的理化结构参数与气化反应性的定量关系,阐明特定条件下影响气化反应性的关键结构因素。

第 3 章：研究快速热解煤焦的理化结构及非原位和原位气化反应性，对比不同碳转化率非原位皮里青煤焦的物理化学结构，确定气化过程中煤焦结构的变化规律，探索煤焦原位气化和非原位焦的等温气化特性的差异，深入分析快速热解结构变化与原位和非原位气化反应特征的关系，定性理解整个气化反应过程和机理，并利用等转化率方法对非原位气化的模型拟合动力学参数的有效性进行验证。

第 4 章：探索不同气化反应阶段快速热解煤焦的结构和气化特性，在自制的竖式激冷炉中制备出快速热解焦，考察热解停留时间和热解温度对煤焦物理化学结构的影响，初步定量探索各结构参数之间的关系，进而定量关联各结构参数与不同特征温度之间的关系，最终利用多元线性回归方法，建立合适的结构参数模型以预测不同阶段的气化反应特征温度。

第 5 章：研究内外扩散对煤焦等温气化特性和表观动力学的影响规律，考察在等温气化条件下不同粒径的禾草沟煤焦颗粒在高温热台显微镜（HTSM）和 TGA 中的气化反应特性和反应动力学差异，分析内扩散、外扩散和床层扩散在不同仪器中的区别。

第 6 章：在对等温气化条件下 TGA 和 HTSM 测定的气化反应性和动力学的差异基础上，考察非等温条件下 TGA 和 HTSM 中升温速率对小颗粒煤焦气化反应特征的影响，明确单一升温速率法和多升温速率法获得气化反应动力学参数的区别，基于可视化技术角度阐明非等温气化反应机理。

第 7 章：总结本书的主要研究成果，列出主要结论和创新点，并对下一步工作提出建议。

第 2 章　基于快速升温热重技术的煤焦结构和原位气化反应性关系

2.1　引言

　　煤焦的结构对气化反应性起主导作用，并受升温速率的影响。在热解过程中，升温速率对煤焦的理化结构和后续气化反应性的影响是双向的。人们普遍认为，升温速率越高，石墨化程度越低，比表面积越大，有利于提高气化反应活性，这主要是高升温速率下挥发分迅速释放，可能导致多孔结构的坍塌和微观结构致密化。此外，有学者认为不断积累的自由基容易聚合成大分子化合物，增强煤焦的石墨化程度。有文献表明碳微晶结构是评价各种煤焦样品反应性的关键因素，也有研究者认为孔隙体积和比表面积是主导因素，其他学者认为气化反应性主要受碱金属和碱土金属及活性位点数量的影响。然而，大部分文献基于气化过程的解耦研究煤的热解过程和随后的半焦气化。换句话说，由于仪器性能不佳，一般采用不同的制焦仪器探索升温速率对气化反应性的影响。研究者通常在不同的仪器上先制备不同升温速率下的煤焦，然后在热重分析仪中气化。值得注意的是，在一些商业气化炉中，煤颗粒被快速加热，加热速率高达 10^4 ℃/min。传统热重分析仪的升温速率通常小于 50℃/min，关于快速升温热重分析仪中原位煤焦的气化研究较少。虽然快速升温热重分析仪的升温速率也远低于实际升温速率，但与常规热重分析仪相比，它能提供更高的升温速率，更接近实际工况。同时，对于不同升温速率下原位煤焦的气化反应性是否存在一个合适的、可接受的结构参数评价指标，尚无统一的结论。因此，为了保证气化反应性与关键因素之间具有较高的相关性，需要建立合适的结构参数模型。

　　本章的目的是研究升温速率对原位煤焦热解及后续气化的影响，并将煤焦结构参数与原位气化反应性指数进行关联，以确定对气化反应性起关键作用的因素，为快速升温条件下实际工业气化炉应用提供指导。

2.2　实验部分

2.2.1　实验原料

　　本章选取了皮里青烟煤（记作 PLQ）为实验原料，将其在 55℃的真空烘箱中干燥 2h，利用标准筛筛分出粒径＜75μm 的原煤。PLQ 原煤的工业分析和元素分析参见表 2-1，煤灰的化学组成分析和碱性指数见表 2-2，而煤灰的灰熔点在表 2-3 中列出。在快速升温热重分析仪中，不同升温速率下煤焦的制备条件与煤热解过程一致。

表 2-1　PLQ 煤的工业分析和元素分析

工业分析（wt. %）				元素分析（daf, wt. %）				$S_{t,d}$
M_{ad}	A_d	V_{daf}	FC_{daf}	C	H	O^a	N	
12.20	7.68	36.24	63.76	77.13	3.98	17.63	0.67	0.55

注：表中 ad 为空气干燥基；d 为干燥基；daf 为干燥无灰基；a 为差减。

表 2-2　PLQ 煤灰的化学组成（wt. %）和碱性指数（AI）

SiO_2	Al_2O_3	Fe_2O_3	CaO	MgO	SO_3	K_2O	Na_2O	AI
29.42	12.59	11.62	21.61	5.73	13.57	0.42	1.63	7.5

表 2-3　PLQ 煤灰的熔融温度（℃）

DT	ST	HT	FT
1221	1233	1235	1245

2.2.2　煤热解和原位焦气化实验

采用 Netzsch STA-449F3 型快速升温热重分析仪进行煤的热解和等温热重分析实验。该设备是根据高反射率金属具有辐射加热作用的原理，利用炉膛内部反射涂层，将辐射能量聚焦到样品实现快速升温的特殊仪器，因而突破了常规热重升温速率较低（<100℃/min）的限制，最高可达到 3000℃/min，并可实现快速降温。该仪器由起重装置、排气阀、热电偶、加热元件、样品载体、保护管、辐射屏蔽和平衡系统等组成，结构如图 2-1 所示。

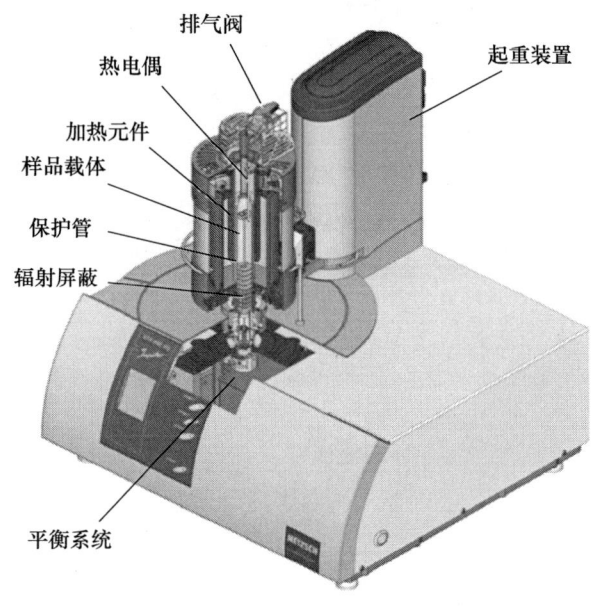

图 2-1　快速升温热重分析仪

在每次试验中，将约 6mg 的样品放入氧化铝坩埚中，通入 120mL/min 的 N_2，并以稳定的加热速率加热至 950℃，然后将气体切换为 120mL/min 的 CO_2，立即进行煤焦原位气化。所有实验在 10℃/min、20℃/min、50℃/min、100℃/min 和 200℃/min 五种不同的加热速率下进行测试。当达到预定的停留时间，迅速将 CO_2 切换为 Ar 并快速降温。

原位煤焦的碳转化率（Xc）由下式计算：

$$X_c = \frac{m_0 - m_t}{m_0 - m_{ash}} \times 100\% \tag{2-1}$$

式中，m_0 为在目标温度下气体开始转化为 CO_2 时的初始样品质量（mg）；m_t 为反应时间 t 时的瞬时质量（mg）；m_{ash} 为反应完全后的最终质量（mg）。

通常用反应性指数 Rs（h^{-1}）和 r（%/min）量化煤焦的气化反应性和反应速率[19-20]，其定义如下：

$$Rs = \frac{0.5}{\tau_{0.5}} \tag{2-2}$$

$$r = \frac{d_{X_c}}{d_t} \tag{2-3}$$

式中，$\tau_{0.5}$ 表示碳转化率 X_c 达到 50% 的时间（min）；r 为碳转化率对反应时间的导数[141]。

2.2.3 煤焦的理化结构表征

2.2.3.1 碳微晶结构的分析

在气化过程中，CO_2 分子通过扩散作用到达碳晶格表面，形成化学吸附与焦发生反应，而反应产物通常从碳晶格表面解吸并扩散到周围空间。因此，微晶结构对研究焦的气化反应性具有重要意义。利用 PANalytical X'pert3 X 射线衍射（XRD）测定煤焦的碳微晶结构和矿物质组成。将煤焦压片后测定，以 4°/min 的扫描速率，0.02°的步长，在 2θ 角为 10°~80°范围内进行扫描，工作电压为 40kV，电流为 40mA。通过图 2-2 所示的分峰拟合确定煤焦的微晶结构参数。在 2θ 角为 13°~36°和 38°~50°的范围内可以观察到两个明显的峰，分别为（002）峰和（100）峰。（002）衍射峰代表煤焦中芳香族层的平行度和方位定向，计算可得煤焦碳层的平行堆积高度和堆垛层之间的距离[142]；（100）峰通常被认为是单一平面内类石墨原子级数[143]，计算可得煤焦芳香族层的尺寸。

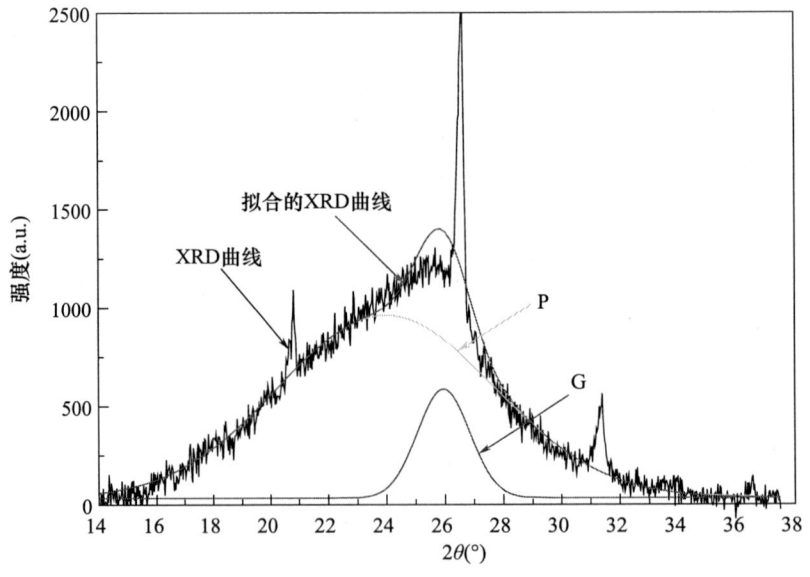

图 2-2 利用 Gauss（高斯）方程拟合焦样的（002）峰

煤焦中含有三种形式的碳微观结构，分别为定形程度很差的、定形程度较好的和具有类石墨的碳结构。鉴于煤焦中碳的石墨化结构极少，（002）峰应分为晶体结构定向程度较差（简称 P）和较好的（简称 G）碳物质。如图 2-2 所示，以升温速率 200℃/min 条件下制备 PLQ 煤焦为例，许多学者[22,142,144]常用 Guass（高斯）方程将（002）峰拟合为两个峰。煤焦的微晶结构参数可以通过以下公式计算获得：

$$d_{002,P} = \frac{\lambda}{2\sin(\theta_{002,P})} \tag{2-4}$$

$$d_{002,G} = \frac{\lambda}{2\sin(\theta_{002,G})} \tag{2-5}$$

$$L_{C,P} = \frac{0.94\lambda}{\beta_{002,P}\cos(\theta_{002,P})} \tag{2-6}$$

$$L_{C,G} = \frac{0.94\lambda}{\beta_{002,G}\cos(\theta_{002,G})} \tag{2-7}$$

式中，λ 为 X 入射线的波长（$\lambda=1.5406Å$）；$2\theta_{002,P}$ 和 $2\theta_{002,G}$ 表示与峰值位置对应的衍射角；$d_{002,P}$ 和 $d_{002,G}$ 代表对应的晶面层间距；$L_{c,P}$ 和 $L_{c,G}$ 分别是相应峰的堆垛高度；$\beta_{002,P}$ 和 $\beta_{002,G}$ 分别代表了 P 部分和 G 部分的半峰宽。因此，煤焦中碳的微晶结构参数的最终结果可由以下公式得到：

$$d_{002,a} = X_P d_{002,P} + X_G d_{002,G} \tag{2-8}$$

$$L_{c,a} = X_P L_{c,P} + X_G L_{c,G} \tag{2-9}$$

$$X_P = \frac{S_P}{S_P + S_G} \tag{2-10}$$

$$X_G = \frac{S_G}{S_P + S_G} \tag{2-11}$$

$$N = \frac{L_{c,a}}{d_{002,a}} \tag{2-12}$$

式中，$d_{002,a}$ 和 $L_{c,a}$ 为焦样最终的晶面层间距和堆垛高度；X_P 和 X_G 分别为相应峰的百分比；S_P 和 S_G 分别表示 P 部分和 G 部分的峰面积；N 是堆垛层数。

2.2.3.2 煤焦的碳结构分析

利用法国 Jobin Y'von 公司生产的 LabRAM HR800 激光拉曼光谱仪（532nm）测定波数范围为 $800\sim2000cm^{-1}$ 的煤焦碳结构。采集时间为 100s，功率为 2mW。随机选取 5 个位置点进行光谱采集，以减少由煤焦颗粒不均匀引起的误差。利用分峰拟合软件对煤焦的拉曼光谱进行拟合可定量确定煤焦碳结构，如图 2-3 所示，以 200℃/min 的升温速率下制备的煤焦的曲线拟合结果为例，将拉曼光谱反卷积分为四个洛伦兹峰（G，D1，D2，D4）和一个高斯峰（D3）。

拉曼光谱分峰结果中各拟合峰代表的物理意义见表 2-4。最终的分峰结果取拟合后的平均值，以保证数据的准确性。

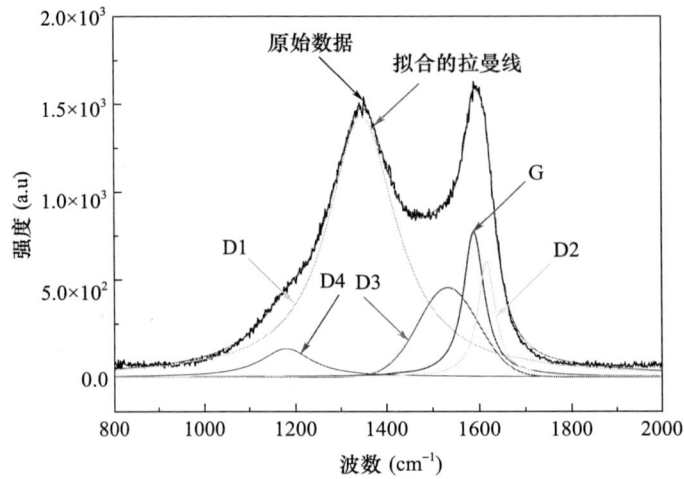

图 2-3　200℃/min 的升温速率下半焦样拉曼光谱在 800～2000cm^{-1} 区域的拟合曲线

表 2-4　峰归属总结

峰名	峰位置（cm^{-1}）	描述	参考文献
D1	1350	具有平面内缺陷（如缺陷和杂原子）的无序石墨晶格的振动模式	[145-147]
D2	1620	无序石墨晶格的振动模式对应于具有 E2g 对称性的石墨晶格模式	[148-149]
D3	1530	sp^2 键由无定形碳形成,包括有机分子和官能团的碎片	[150]
D4	1200	在争议中：sp^2—sp^3 键或类多烯结构的 C—C 和 C=C 拉伸振动	[151]
G	1580	具有 E$_{2g}$ 对称的理想石墨晶格振动模式	[152]

2.2.3.3　煤焦样品的微观形貌分析

利用扫描电子显微镜（JSM-7001F，日本 JEOL）分析煤焦的形貌和矿物质的组成。为了获得较清晰的高质量图像，在将煤焦样品放入电镜腔体前，对其进行了喷金处理，然后在二次电子成像模式下选择放大倍数为 2000 倍后分析样品形貌。

2.2.3.4　煤焦的比表面积和孔结构分析

采用 Micrometrics TriStar II 3020（美国）在 -196℃ 下测定煤焦的全 N$_2$ 吸附/脱附等温线，获得煤焦的中孔和大孔信息。首先，将煤焦样品在 300℃ 下真空干燥 6h，比表面积和孔体积结果利用 BET[153] 和 Barrett Joyner Halenda（BJH）[154] 模型分别计算得到。

2.3　结果与讨论

2.3.1　升温速率对热解过程的影响

如图 2-4 所示，以煤样在热解终温 950℃ 时不同升温速率下的热解失重（TG）和失重速率（DTG）曲线为例，分别考察了 10℃/min、20℃/min、50℃/min、100℃/min

和 200℃/min 等 5 种不同升温速率对热解过程的影响。升温速率对 DTG 有显著影响，但该条件下半焦产率在 64.58%~65.43% 之间，表明对半焦产率影响有限。DTG 结果表明：随着升温速率的提高，原煤的最大失重速率 DTG_{max} 明显增大，其相应的峰值温度略有升高。这主要是由于加热速率的提高使挥发物快速形成，进一步提高颗粒内部压力，从而促进挥发物的快速释放。此外，由于其导热系数较低，在高升温速率下，煤颗粒中的温度梯度显著。脱挥发分阶段的吸热特性加剧了这一特征，导致大量的热在传递到颗粒内部核心之前被吸收，从而引起沿样品半径方向温度分布的迟滞，导致峰值温度升高，这在其他研究结果中均发现过相似现象[155-156]。有趣的是，升温速率的增加会使塑性区间变宽，这使得在快速升温条件下失重开始时对应的温度较低。而且，挥发分的形成本质上是煤中弱键的热断裂，主要是由温度决定的。因此，煤样的停留时间较短，但失重开始的温度较低，这也是最终失重由热解的最终温度决定，升温速率对其影响不大的原因。

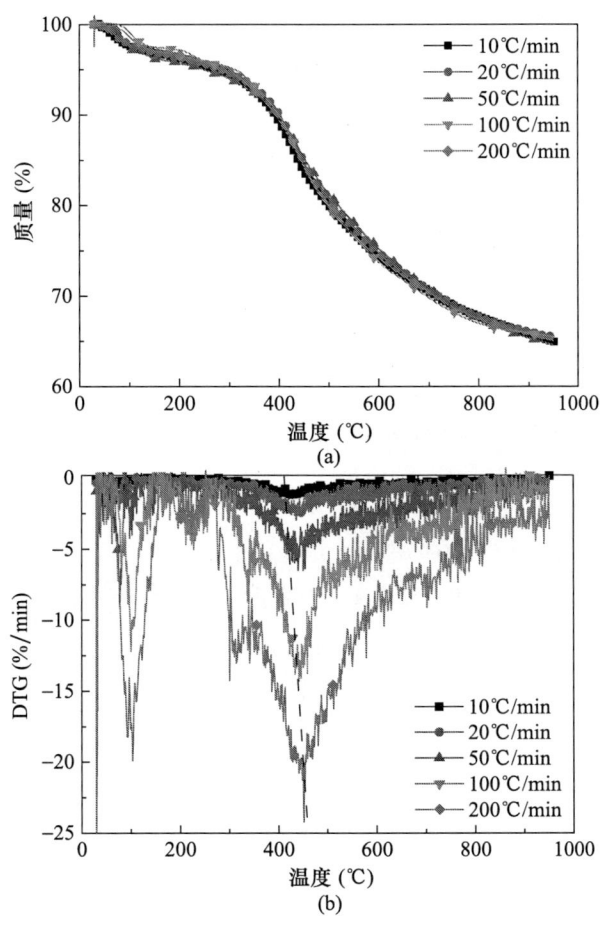

图 2-4　热解终温为 950℃时不同升温速率下原煤热解 TG-DTG 曲线

2.3.2　升温速率对原位煤焦气化过程的影响

从图 2-5 的碳转化率与反应时间曲线可以看出，热解和气化过程受升温速率的影响较大。另外，随后的原位煤焦气化反应有一个非常特殊的现象：在气化温度为 950℃

时,气化反应性随升温速率的提高而增加;当升温速率超过50℃/min时,对原位煤焦的气化反应性影响不大。显然,本章热解升温速率引起的原位气化反应性现象与以往的研究结果有所不同[157]。人们普遍认为,快速热解焦样的反应性较高,与慢速热解得到的焦样相比,其孔隙率更高、比表面积更大、结构更无序、碳微晶结构更差。因此,影响原位煤焦气化反应性的关键结构因素还有待进一步确定,应探索原位煤焦的结构与气化反应性的关系。

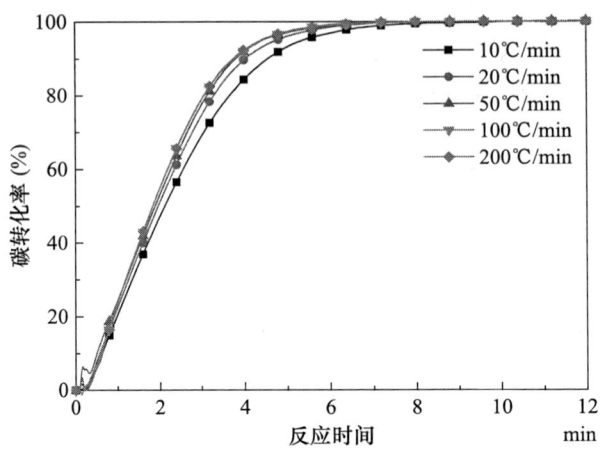

图 2-5 不同升温速率下的碳转化率及反应时间

2.3.3 升温速率对半焦理化结构的影响

2.3.3.1 升温速率对半焦元素组成的影响

本章中半焦以升温速率命名,如 H10 表示升温速率为 10℃/min 时制备的焦样。半焦样品的工业分析和元素分析见表 2-5。

表 2-5 不同升温速率下焦样的工业分析和元素分析

样品	工业分析 (wt.%)				元素分析 (daf, wt.%)				$S_{t,d}$	C/H (mol/mol)	C/O (mol/mol)
	M_{ad}	A_d	V_{daf}	FC_d	C	H	O^a	N			
H10	1.28	11.01	1.66	87.51	97.10	0.52	0.47	1.25	0.59	15.45	277.40
H20	1.19	11.02	1.72	87.45	96.99	0.58	0.52	1.23	0.61	13.93	247.16
H50	1.09	11.05	2.40	86.82	96.86	0.73	0.55	1.18	0.61	11.10	236.72
H100	1.05	11.06	2.70	86.54	96.80	0.78	0.56	1.17	0.62	10.29	231.81
H200	1.02	11.04	2.82	86.45	96.73	0.83	0.57	1.19	0.61	9.72	227.12

由表 2-5 可知,随着升温速率的增加,半焦的 C 含量降低,而相应的 H 和 O 含量增加。同时值得注意的是,随着升温速率的加快,焦样的 C/H 和 C/O 摩尔比明显降低。其原因是加热速率加快,脱挥发分程度越低,留下了大量的碱性自由基,如—CH_2、—OH、—R—CH_2。此外,在热解的最后阶段,芳香环的缩合反应和碳酸盐的热分解反应是主要的演化过程,不稳定的含 O 结构被裂解,H_2 从焦样

中释放。因此,快速升温引起的较短停留时间,导致相对较低的 C/H 和 C/O 摩尔比,这意味着形成了更加无序的晶体结构,可以从以下 XRD 和拉曼分析中得到验证。

2.3.3.2 升温速率对碳微晶结构的影响

不同升温速率下原位焦样的 XRD 光谱如图 2-6 所示。焦样的 XRD 光谱在 2θ 角为 $14°\sim37.5°$ 和 $38°\sim50°$ 的范围内有两个明显的峰,分别对应于分散石墨中的(002)和(100)峰。在 XRD 光谱中,(002)峰是最显著的特征,普遍归因于碳微晶的石墨基平面的堆叠,而(100)峰则与单平面的类石墨原子有序相连接。如图 2-6 所示,随着升温速率的提高,XRD 谱图的(002)峰强度变弱,形状变得更加不对称和更宽。同时,(002)峰在 2θ 处减小,表明结构的无序度更高。当热解升温速率超过 50℃/min 后,(002)峰基本不再变化。此外,(100)峰的峰值变化可以忽略不计。

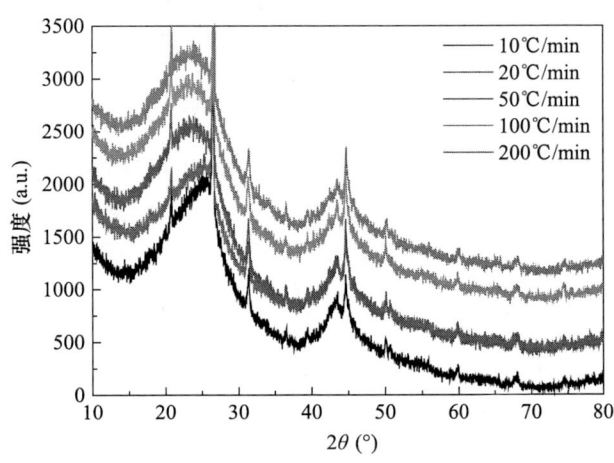

图 2-6 不同升温速率制备焦样的 XRD 光谱

为了进一步定量测定炭样的石墨化程度,按照上述的分峰拟合方法将(002)峰分成两条反卷积的高斯曲线。

不同升温速率下焦样的碳微晶结构参数的结果见表 2-6。如上所述,随着升温速率的提高,微晶的面间距的变化可以忽略不计。焦样的最终堆垛高度($L_{c,a}$)从 13.56Å 显著降低到 10.55Å,堆叠层数 $L_{c,a}/d_{002,a}$ 从 3.69 略微降低到 2.79。当升温速率超过 50℃/min 时,$L_{c,a}$ 和 $L_{c,a}/d_{002,a}$ 的变化较小。因此,随着升温速率的提高,焦样的晶体结构变得更加无序。但是,升温速率一旦超过 50℃/min,对碳晶体结构的影响可以忽略不计。从本质上讲,煤的热解过程是导致碳微晶结构演变的原因。根据相关文献[158-159],煤在 350~950℃ 之间的分解可分为三个阶段。首先,在较低的温度(约 500℃)下释放组分较轻的物质。随后,反应速率逐渐降低,可归因于烃类和焦油的分解。在 650℃ 之后,煤的质量略微下降是由于芳香环的缩合反应和碳酸盐的热分解反应所致。因此,升温速率对碳微晶结构的影响主要取决于自由基和析出气体的含量。相应的解释如下:

表 2-6 不同热解速率下焦样的碳微晶结构参数

样品	$d_{002,P}$ (Å)	$L_{c,P}$ (Å)	$d_{002,G}$ (Å)	$L_{c,G}$ (Å)	X_P (%)	X_G (%)	$d_{002,a}$ (Å)	$L_{c,a}$ (Å)	$L_{c,a}/d_{002,a}$
H10	3.71	9.69	3.43	40.57	87	13	3.67	13.56	3.69
H20	3.74	9.04	3.49	27.46	83	17	3.70	12.17	3.29
H50	3.87	8.93	3.50	19.31	79	21	3.80	11.06	2.91
H100	3.89	9.03	3.50	16.37	78	22	3.80	10.68	2.81
H200	3.87	9.04	3.50	15.10	75	25	3.78	10.55	2.79

一方面，煤在塑性状态下，升温速率对中间相有显著影响。高加热速率可以加快煤的分解速度，并在短时间内产生更多合适的自由基，从而导致流动性和流动温度范围的增加。液相的流动性保证了自由基或不饱和化合物平稳地迁移到适当的位置，然后进行平行有序的堆积，还可以促使小球体吸收流动的基质。因此，高加热速率有利于中间相的生长和获得大尺寸的各向异性单元。另一方面，升温速率的提高增加了气体析出率，大量的挥发物将影响液相的流动，从而扰乱液相的平行有序堆积，从而可能形成不规则的结构。两方面综合分析表明，通过提高升温速率降低石墨化程度存在一个阈值。

2.3.3.3 升温速率对碳结构的影响

为了进一步验证碳结构的差异，需要检测半焦的拉曼光谱。如图 2-7 所示，采集了焦样在不同升温速率下经过基线校正的拉曼光谱。显然，所有样品在 1350 cm^{-1}（D 峰）和 1580 cm^{-1}（G 峰）附近均有两个突出的峰。此外，为了从拉曼光谱中获得定量参数，在 800—2000 cm^{-1} 一阶区域范围内利用曲线拟合软件获得各峰的位置、面积和峰宽信息。

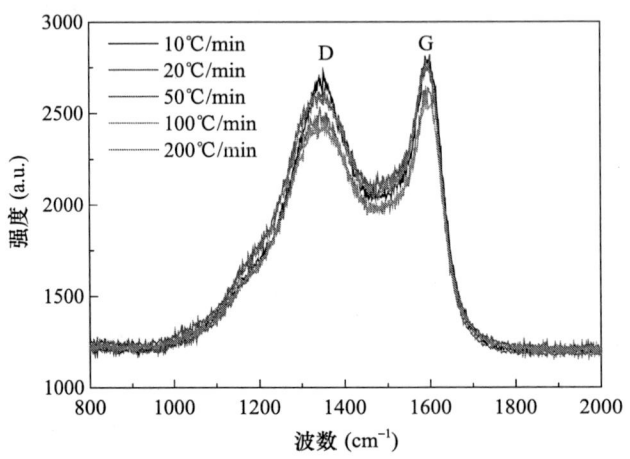

图 2-7 五种煤焦在不同升温速率下的拉曼光谱

为对碳结构进行定量评价，计算了各峰的比值，并将其列于表 2-7。I_{D1}/I_G 和 I_G/I_{All} 比值的变化在很多文献中被广泛关注[160-161]，其中 I_{D1}/I_G 与晶体尺寸成反比[145]，表明随着 I_{D1}/I_G 值的增大，煤焦结构有序度降低。因此，在本章中选择 I_{D1}/I_G 或 I_G/I_{All} 比率阐明焦样的结构无序程度或有序程度。随着升温速率的提高，煤焦的 I_{D1}/I_G 比值明显增大，而 I_G/I_{All} 比值减小；当升温速率超过 50℃/min 时，比值变化较小，表明拉曼光谱检测的半焦结构演化与 XRD 分析结果一致。

表 2-7　不同升温速率下焦样的碳结构参数比值

样品	I_{D1}/I_G	I_{D2}/I_G	I_{D3}/I_G	I_{D4}/I_G	I_G/I_{All}
H10	5.75	0.68	1.23	0.46	0.1097
H20	6.45	0.60	1.14	0.22	0.1063
H50	7.75	0.73	1.40	0.23	0.0899
H100	8.14	0.72	1.49	0.19	0.0866
H200	8.18	0.88	1.44	0.29	0.0848

2.3.4　原位煤焦结构参数与反应性指数的关系

为了进一步了解不同升温速率下制备煤焦的原位气化特性，本节探索了煤焦样品的物理化学结构参数与气化反应性之间的相关性。通常认为 BET 表面积（S_{BET}）对半焦气化反应性有重要影响[162]。S_{BET} 随升温速率的提高而增大。为了更好地了解煤焦形态和孔隙结构随升温速率的变化，利用扫描电镜对焦样进行了观察。图 2-8 显示了在不同加热速率下制备焦样的 SEM 照片。SEM 照片清晰地显示，低升温速率热解后的焦样表面光滑，而高升温速率热解后的焦样表面变得粗糙并且孔隙数量增多，这可能与高升温速率热解过程中挥发分的急剧释放有关。SEM 照片显示的结果与 BET 表面积分析基本一致，但反应性指数 R_S 与 S_{BET} 的线性相关系数为 0.92，相关性并不高。因此焦样的 S_{BET} 与原位焦的反应性指数在此条件下没有很好的相关性。换句话说，焦样的 BET 表面积与原位焦样的气化反应性没有明显的直接关系，与前人的研究结论一致[125]。

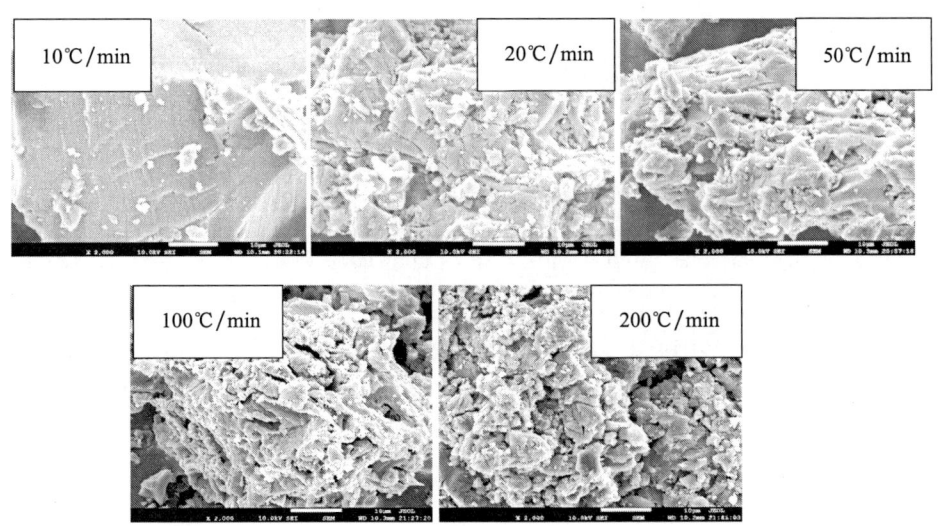

图 2-8　不同升温速率下焦样的 SEM 照片

由于有机物质是焦样中含量最多的物质，因此探究 XRD 和拉曼光谱分析获得的碳微晶结构参数与反应性指数 R_S 之间的相关性是必然的。原位焦在不同升温速率下碳微晶结构和碳结构参数与反应性指数 R_S 的关系如图 2-9 所示。XRD 和拉曼光谱共同表明，在一定范围内，热解升温速率的增加会导致煤焦的碳结构向石墨化的方向发展。当升温速率超过 50℃/min 时，碳微晶结构的变化可以忽略不计。可以明显看出，堆垛高

度 $L_{c,a}$ 和堆垛层数 $L_{c,a}/d_{002,a}$ 与反应性指数的相关性优于 I_{D1}/I_G 和 I_G/I_{All}。如上所述，XRD 分析对较小的微晶结构极为敏感。结果表明，半焦中含有大量高度无序的物质和无定形碳，微结构与芳香环之间的堆叠有关，$L_{c,a}$ 和 $L_{c,a}/d_{002,a}$ 可以用来评价碳微晶结构的有序度；而 I_G/I_{All} 比值代表了半焦中的类石墨结构的占比，可以表征高度有序的碳结构。此外，D1 峰通常被称为缺陷峰，这可以归因于具有面内缺陷（如缺陷和杂原子）的无序石墨晶格的振动模式。I_{D1}/I_G 能反映主要存在于石墨烯层边缘的无序碳。总而言之，XRD 和拉曼（Raman）均可以提供反映石墨化程度的具体结构参数。然而，拉曼光谱由五个峰组成，每个拉曼结构参数均比 XRD 参数具有更详细和更具体的含义。同时，由于碳结构的多样性，反应性指数倾向于评价整体反应性。因此，碳微晶结构的线性相关系数均大于 0.97，表明碳微晶结构在评价整体气化反应性方面表现得更优异。这进一步验证了含碳物质的微晶结构变化是决定原位焦气化反应性的主导因素。由此可见，升温速率对 BET 的表面积、活性位数和碳晶体结构均有影响，而碳微晶结构是评价原位焦在不同升温速率下气化反应性的主导因素。

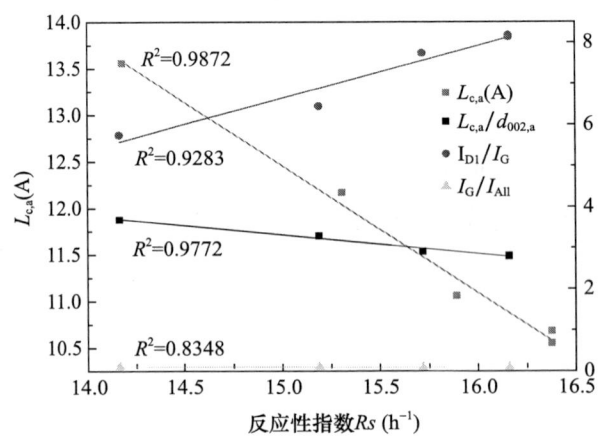

图 2-9 碳微晶结构和碳结构参数与反应性指数的相关性

拉曼可以提供更多的信息，D1 和 D2 带与石墨烯层缺陷直接相关，而 D3 和 D4 带源于本征组织结构。人们普遍认为 I_{D1}/I_G 和 I_{D2}/I_G 与微晶平面尺寸和石墨层厚度成反比。然而，几乎没有研究结果表明 I_{D1}/I_G 与 $d_{002,a}/L_{c,a}$ 之间存在明显的关系。此外，考虑到煤焦结构与气化反应性拟合的物理意义，在此条件下，应将理想的石墨结构与反应性结果联系起来，并进一步与其他数据拟合。实验结果分析表明，理想的石墨晶体气化反应性指数 Rs 为 $0.2509h^{-1}$。堆积高度 $L_{c,a}$ 为 464.405Å，层间距 $d_{002,a}$ 为 3.346Å。同时，拉曼光谱提供的石墨晶体中 D 峰可以忽略不计。因此，XRD 与拉曼结构表征参数的关联式可表示为：$\dfrac{I_{D1}}{I_G}=-0.27+\dfrac{23.1 d_{002,a}}{L_{c,a}}$，其线性相关系数为 0.9941。

众所周知，I_{D3}/I_G 和 I_{D4}/I_G 分别代表煤焦中无定形（非晶态）碳和交联结构的活性位点数量。在整个气化过程中，小环体系（小于 6 环）的非晶态碳结构比大环体系更容易与 CO_2 发生反应，而这种 CO_2 对碳结构的选择性通常表现在具有双峰结构的耐磨碳材料中[163]。焦样具有丰富的形态，碳结构自然影响原位气化反应性。因此，$L_{c,a}/d_{002,a}$ 与 Rs 的相关性较好，而 I_{D3}/I_G、I_{D4}/I_G 与 Rs 的线性拟合关系较差。因此，尝试将 XRD 和拉曼结构参数相结合来预测煤焦的气化反应性。最终找到了合理的关系：$Rs=0.174+\dfrac{43.14\,d_{002,a}}{L_{c,a}}+\dfrac{3.58I_{D3}\times I_{D4}}{I_G^2}$，其线性相关系数为 0.9829。

2.4　本章小结

本章是通过采用快速升温 TGA，结合元素组成、SEM、N_2 等温吸附、XRD 和拉曼（Raman）等多种表征手段，系统和全面研究了升温速率对热解过程和原位焦气化特性的影响。

主要结论有：

（1）在热解过程中，随着升温速率的提高，原位焦的最大失重速率（DTG_{max}）和相应的峰值温度明显增加。此外，在热解温度为 950℃时，气化反应性随升温速率的提高而增加；当升温速率超过 50℃/min 时，对原位焦样品的反应性影响不大。

（2）碳微晶结构是评价原位焦在不同升温速率下气化反应性的主导因素。堆垛高度 $L_{c,a}$、堆垛层数 $L_{c,a}/d_{002,a}$ 与反应性指数的线性相关系数均大于 0.97。此外，将 XRD 和拉曼结构参数理想地结合可以预测原位煤焦的反应性指数，关系式为：$Rs=0.174+\dfrac{43.14\,d_{002,a}}{L_{c,a}}+\dfrac{3.58I_{D3}\times I_{D4}}{I_G^2}$，其线性相关系数为 0.9829。

第 3 章　快速热解煤焦的理化结构及非原位和原位气化反应性

3.1　引言

　　煤焦结构是气化反应性的主要影响因素，原煤的热解条件（热解速率、热解温度和停留时间等）可以影响煤焦结构。此外，煤焦气化反应性还受煤焦中的矿物质和气化条件的影响[164-166]。正如第 2 章内容所述，这种多个因素共同影响的复杂性，导致在气化反应过程中反应速率的决定性因素一直以来尚未形成统一的结论。同时，由于煤焦结构的复杂性，在气化过程中煤焦的结构随碳的消耗而不断变化，更引起了反应过程和机理的难以准确推断。

　　如第 2 章所述，国内外学者常使用先制焦再分析煤焦气化的解耦方法研究煤气化反应特性，这种情况下制备的煤焦必然会经历气氛变化、降温、再升温和空间位置变化等非原位处理，进而导致煤焦结构的改变[167]。这种非原位处理方法的引入虽会影响后续煤焦气化反应性和动力学参数与本征反应结果的偏离，但限于实验室研究条件，在煤气化研究中依然被广泛应用。许多研究者[6,168]普遍采用通过制备不同碳转化率煤焦，利用 XRD、拉曼（Raman）和物理吸附仪等表征手段分析不同反应程度非原位煤焦结构的方法，结合反应速率的变化推测反应机理。但是，不同碳转化率非原位煤焦在不适当的非原位制样方式（将煤焦从容器中取出并混合均匀）下破坏煤焦的原始结构，导致对煤焦原位（本书特指样品空间位置未变化）气化反应过程和机理的错误认识。此外，关于制备的不同碳转化率非原位煤焦的气化特性鲜有报道，尤其是动态的煤焦结构与原位和非原位条件下煤焦的气化反应性的关联结果缺少对比。另外，对于煤焦的气化反应动力学的研究，许多研究者仅关注对已有的模型拟合实验结果后的拟合系数，然而较高的系数并不一定意味着对反应机理的正确解释[169]。因此，利用更全面的方法对气化反应动力学进行深入研究，有助于对整个气化过程和机理更合理和深入地理解，从而为反应器的设计提供有价值的信息。

　　本章选取了具有内含矿物质催化活性较高的皮里青烟煤为实验原料，利用快速升温热重分析仪的制备不同碳转化率的非原位快速热解煤焦，并获得原位条件下煤焦的气化反应特征曲线。利用 XRD、拉曼、SEM、N_2 等温吸附和同步辐射纳米 CT 等表征方法，系统地考察了煤焦与 CO_2 气化反应过程中的微观结构和形貌变化。同时，利用 TGA 等温热重法深入分析不同碳转化率非原位煤焦的气化反应特性，阐明了原位与非原位煤焦反应性的本质差别，并用三种具有代表性的气固反应动力学模型和等转化率方法考察了煤焦的气化反应动力学。

3.2 实验部分

3.2.1 实验原料

本章选用第 2 章中使用的皮里青烟煤（记作 PLQ），利用标准筛筛分出粒径<75μm 的原煤。原煤的工业分析和元素分析、煤灰的化学组成分析、碱性指数和熔融特征温度同上。

3.2.2 不同碳转化率煤焦的制备

在本章中利用 NETZCH 449 F3 快速升温 TGA 制备不同碳转化率的煤焦样品，并进行原位气化实验。不同碳转化率的 PLQ 煤焦样品的制备过程具体为：将约 200mg 的煤样放置在氧化铝坩埚中。通入 120mL/min 的氩气（Ar），并以 200℃/min 的升温速率从室温加热到 950℃，保持 1min 以保证颗粒内部温度均匀；将氩气切换为 CO_2（120mL/min），气化反应开始进行；当样品质量不再变化时，以 1000℃/min 的降温速率将样品冷却至室温。如图 3-1 所示，利用失重曲线计算获得煤焦碳转化率和反应速率的关系，不仅反映整个原位气化反应过程，还为选择不同碳转化率煤焦样品提供了依据。通过控制反应停留时间，制得不同碳转化率（0%、13.69%、27.61%、54.42%、76.62% 和 91.73%）的煤焦样品。当达到预定的停留时间，迅速将 CO_2 切换为 Ar 并快速降温。为了获得足够的气化煤焦进行表征和气化实验，需将多次实验获得的煤焦进行混合。所得 PLQ 煤焦样品分别记作 PLQ 0%、PLQ 14%、PLQ 28%、PLQ 54%、PLQ 77% 和 PLQ 92%。

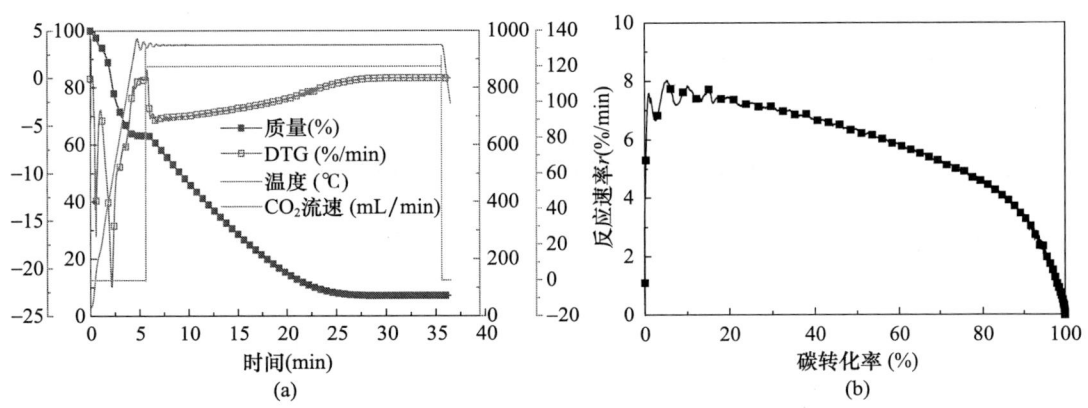

图 3-1　煤焦气化实验过程和碳转化率与反应速率曲线
（a）煤焦气化实验；（b）碳转化率与反应速率

3.2.3 煤焦的理化结构表征

3.2.3.1 煤焦的碳结构和矿物质组成及形貌的分析

采用 XRD 和拉曼分析不同碳转化率煤焦的碳结构，并对 XRD 和拉曼谱图进行分峰拟合，具体步骤见 2.2.3.1 和 2.2.3.2；利用 N_2 等温吸附线获得煤焦的大孔和中孔分布，微孔则是利用与 N_2 吸附相同的装置在 0℃ 下通过 CO_2 吸附等温线测得，相应的结果通过 Horvath Kawazoe（HK）模型计算获得。利用扫描电子显微镜分析煤焦的形貌和矿物质的组成，为了获得较清晰的高质量图像，在将煤焦样品放入电镜腔体前，对其进行了喷金处理，然后在二次电子成像模式下选择放大 50～4000 倍后分析样品形貌。

其中，对于 XRD 表征而言，(100) 峰的结构参数则通过以下公式计算：

$$L_a = \frac{1.84\lambda}{\beta_{100}\cos\theta_{100}} \tag{3-1}$$

式中，L_a 为类石墨结构的微晶尺寸；$2\theta_{100}$ 为 (100) 峰位置的衍射角；β_{100} 表示 (100) 峰的半峰宽。

3.2.3.2 煤焦三维结构的测定

计算机断层扫描技术（CT）可以无损伤地测定样品内部孔隙和其他固相等成分的空间分布，并以三维结构形式展示各成分的比例。本书利用北京同步辐射光源（BSRF）的同步辐射纳米 CT 成像技术测定煤焦颗粒的三维结构，X 射线束能量范围为 5～12keV，分辨率为 50nm。受纳米 CT 视野的限制，煤焦首先被粉碎成粒径小于 60μm，然后在体视显微镜下用胶水将颗粒粘在针尖上，随后将煤焦固定在样品转盘上。由于在成像过程中样品转台的旋转轴会发生转动，在后续的图像处理中还需要对图像进行对齐处理。为了向图像对齐提供一个参考点，在煤焦上放置直径为 1μm 的球形金颗粒。在实验之前，煤焦放置 12h，确保胶水干燥。图像处理和三维重建用 Avizo 软件获得。

3.2.3.3 煤焦原位气化反应过程中的形貌测定

在显微镜高温热台中进行热解和原位气化，参照快速升温热重中的气化条件，考察煤焦颗粒在原位气化反应过程中的形貌变化。由于本章涉及高温热台显微镜内容较少，因此未展开描述。

3.2.4 不同碳转化率煤焦的等温气化反应性的测定

本章利用高温热重分析仪（SETSYS Evolution，SETARAM，法国）测定不同碳转化率非原位煤焦的等温气化反应性。在预实验中，煤焦的初始质量为 (10 ± 0.2)mg，当 CO_2 流速增加至 140mL/min 时，气化反应速率不再增大，因此可认为外扩散的影响被消除；当煤焦粒径<75μm 时，反应速率不再改变，内扩散的影响被消除，气化温度分别为 800℃、850℃、900℃ 和 950℃。测试步骤为：通入氩气（140mL/min），持续约 20min，随后以 50℃/min 的升温速率从室温升至目标气化温度，并在此目标温度下停留 1min，以保证样品温度均匀；将 Ar 切换为 CO_2（140mL/min），直至煤焦的质量不再变化，停止反应，并降低温度至室温。

煤焦气化的碳转化率（X_c）的计算公式同上一章：

$$X_c = \frac{m_0 - m_t}{m_0 - m_{ash}} \times 100\% \tag{3-2}$$

式中，m_0 为气体切换成 CO_2 时的样品质量（mg）；m_t 和 m_{ash} 分别表示气化过程时刻 t 的瞬时质量和最终质量（mg）。

3.2.5 煤焦的气化反应动力学分析

本章主要选择了三种典型的动力学模型求解动力学参数:均相模型、收缩未反应芯模型和随机孔反应模型,三种模型的综合形式可转化为:

$$-\ln(1-X) = k_{VM} t \tag{3-3}$$

$$3\left[1-(1-X)^{\frac{1}{3}}\right] = k_{URCM} t \tag{3-4}$$

$$\frac{2}{\psi}\left[\sqrt{1-\psi\ln(1-X)}-1\right] = k_{RPM} t \tag{3-5}$$

式中,k_{VM}、k_{URCM} 和 k_{RPM} 分别为对应模型的反应速率常数。

利用等转化率方法计算获得碳转化率为 10%~90% 范围内煤焦气化的动力学参数,计算方法详见绪论中的 1.5.2。

3.3 结果和讨论

3.3.1 不同转化率煤焦的物理和化学结构

本章通过对比不同碳转化率非原位煤焦的物理化学结构,确定气化过程中煤焦结构的变化规律。

3.3.1.1 不同转化率煤焦的碳微晶结构

煤焦中的无定形碳和晶体碳结构是产生 XRD 衍射图背景强度和面积的主要原因,(002)峰和(100)峰可反映煤焦中碳的微晶结构[170]。如图 3-2 所示,随着煤焦的碳转化率增加,(002)峰的背景强度和面积单调减小,说明碳的微晶结构随气化反应逐渐消耗;同时,(100)峰强度和面积的变化趋势与(002)峰基本一致。

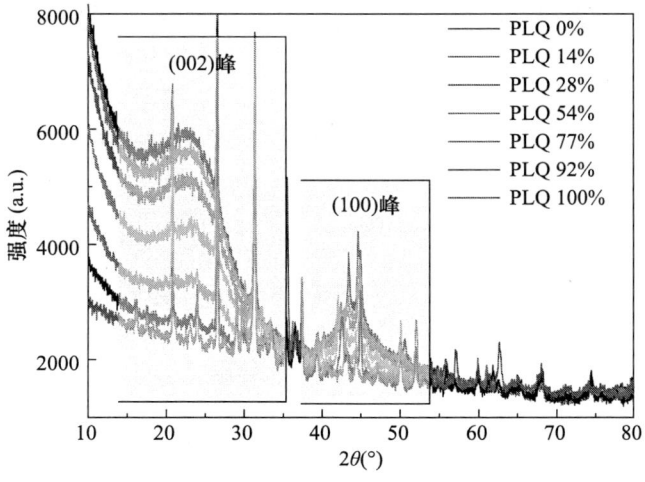

图 3-2 不同碳转化率下焦样的 XRD 衍射图

煤焦碳微晶结构参数包括堆垛高度($L_{c,a}$)、晶面层间距($d_{002,a}$)、堆垛层数(N)、微晶尺寸（L_a）的变化如图 3-3 所示。在气化过程中，当碳转化率从 0% 到 92%，$L_{c,a}$ 值由 14.38Å 单调地增加到 23.41Å，而 $d_{002,a}$ 值从 3.83Å 减少到 3.63Å，表明在气化过程中活性较高的碳结构可能被持续消耗，或形成较大的芳环体系。换句话说，随着反应的进行，煤焦结构中类石墨烯层的重排将增强，减少了煤焦结构中相邻的基本结构单元（BSUs）间的界面缺陷，这种重排促进了芳香层的堆叠和融合，有利于堆垛高度的增加。同时，N 由 3.76 单调增加到 6.45，说明随着气化过程的进行，煤焦结构变得更加有序。此外，L_a 在 27.9～8.14Å 范围内显著减小，这是由于气化反应优先沿煤焦碳微晶中石墨边缘消耗[171]。因此，可以推断在整个气化过程中，无定形碳和晶体碳结构均在不断消耗，而在垂直方向上的基本结构单元增加，因而将形成更有序的结构。

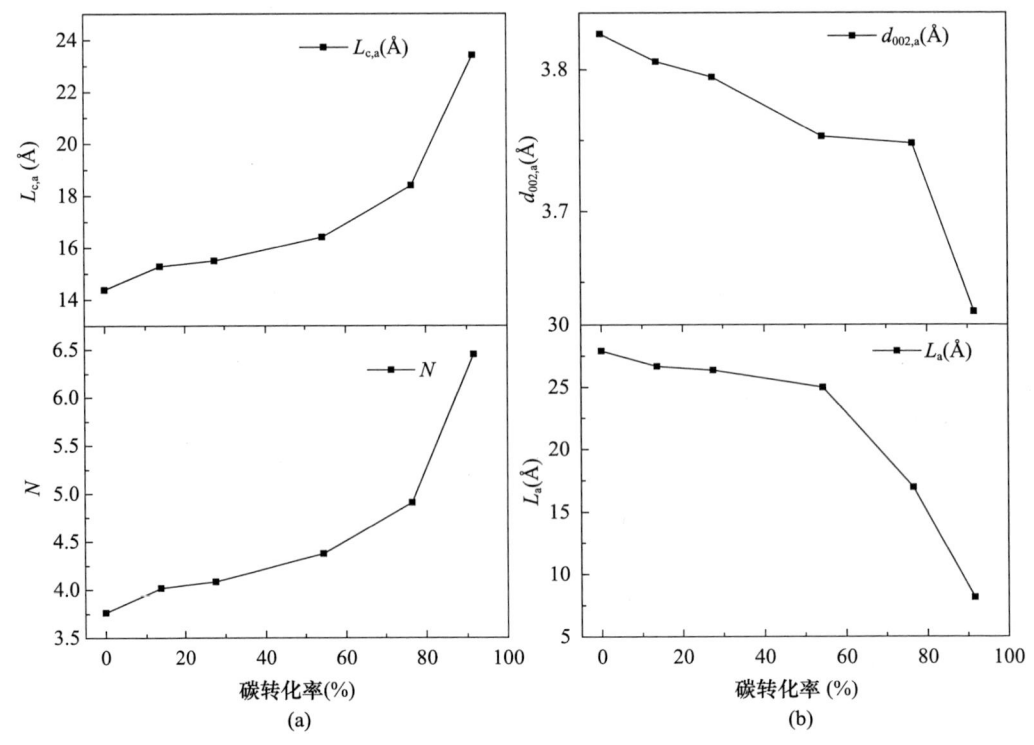

图 3-3　不同碳转化率煤焦的碳微晶结构参数

3.3.1.2　不同转化率煤焦的碳结构

碳微晶结构不能全面反映煤焦碳结构，利用拉曼光谱可以表征煤焦的结晶度、缺陷和无序度等结构，通过将拉曼光谱分峰拟合可以半定量地评价气化过程中碳结构的演化。I_{D1}/I_G 的面积比是石墨烯层边缘无序碳的重要参数，而 I_{D3}/I_G 代表无定形碳结构，I_{D4}/I_G 的意义还存在争议，一般认为其与交联结构有关（sp^2-sp^3 位点，或类多烯结构的 C—C 和 C=C）[172]；此外，I_G/I_{All} 代表煤焦中类石墨碳（晶体结构）占总碳结构的比例。

图 3-4（a）为不同碳转化率的煤焦不同峰对应的面积比。从图 3-4（a）可以看出，随着碳转化率增加，I_{D1}/I_G 由 7.8217 显著降低到 4.3826，说明主要存在于石墨烯层边缘的无序碳不断被消耗或缩聚；同时，无定形碳消耗导致 I_{D3}/I_G 值由 1.3634 逐渐降低到

0.7691。在碳转化率 30% 以下时，I_{D2}/I_G 值呈现波动，这可能与 D2 带和 G 带同样具有晶格振动有关，且类石墨烯层并不是直接地夹在其他两层石墨烯之间[173]，因此，I_{D2}/I_G 值未能反映煤焦碳结构的重排和消耗。如图 3-4(b) 所示，I_G/I_{All} 值由 0.0786 增加到 0.2003，表明随着碳转化率增加，煤焦碳结构的有序性增加，这与 XRD 结果是一致的，表明在气化过程中煤焦的碳结构发生连续性的有序化进程。

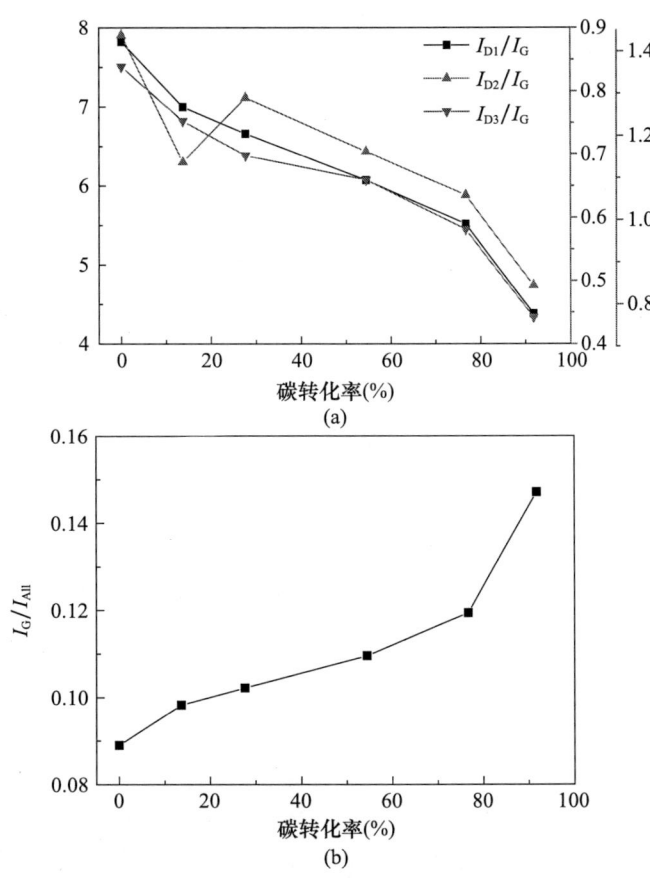

图 3-4　不同焦样的不同峰面积比 I_x/I_G 和 I_G/I_{All}

值得注意的是，I_{D1}/I_G 和 I_{D3}/I_G 在气化初期迅速下降，在气化中期下降速率减缓，在碳转化率超过 80% 时下降速率显著增加。有文献报道[172]，在气化过程中，CO_2 更倾向先与小的芳香环体系或无定形碳反应，这可能导致小的芳香环重排缩聚成大的芳香环或微晶结构。但不可否认的是，在煤焦气化的初始阶段也消耗了难反应碳（类石墨结构），这可由 XRD 计算得到的 L_a 明显减小证实。与活性碳结构相比，类石墨结构的消耗速度较慢，导致了 G 峰面积比例增加，同时，重排也增加了较大芳环或晶体结构的相对含量，因此，I_G/I_{All} 在气化初始阶段增大。另外，存在于石墨烯层边缘的无序碳结构在整个气化反应的中间阶段发挥了关键性的作用，这可能是由于易反应的碳会在气化反应的初始阶段快速消耗，且无序碳结构（I_{D1}/I_G）在煤焦样品中占有最大比例，但无序碳也可部分转化为晶体结构；最终，相对于其他形式的碳结构，气化后期基本保留了完美的类石墨结构，因此，在气化反应的后期阶段，I_G/I_{All} 显著增大。由此可以推测，在整个气化过程中，CO_2 与煤焦中的不同碳结构的选择性反应是必然存在的，与第 2 章的观点一致。

3.3.1.3 不同转化率煤焦颗粒的形貌

如图 3-5 所示，PLQ 0%煤焦颗粒的表面基本光滑，并可在颗粒表面发现少量分散的矿物质。随着气化反应进行，煤焦颗粒表面变粗糙，逐渐出现了许多细小的凹坑，这可以归因于表面碳与 CO_2 发生了反应。煤焦的碳骨架不断被消耗，导致在高碳转化率时煤焦结构变得疏松且易粉化，但通常非原位制备得到煤焦的疏松结构会在煤焦冷却和收集过程中被破坏。因此，随着气化反应程度加深，非原位制备的煤焦颗粒出现破碎的概率也增加。同时，煤焦颗粒表面的矿物质呈絮凝状。

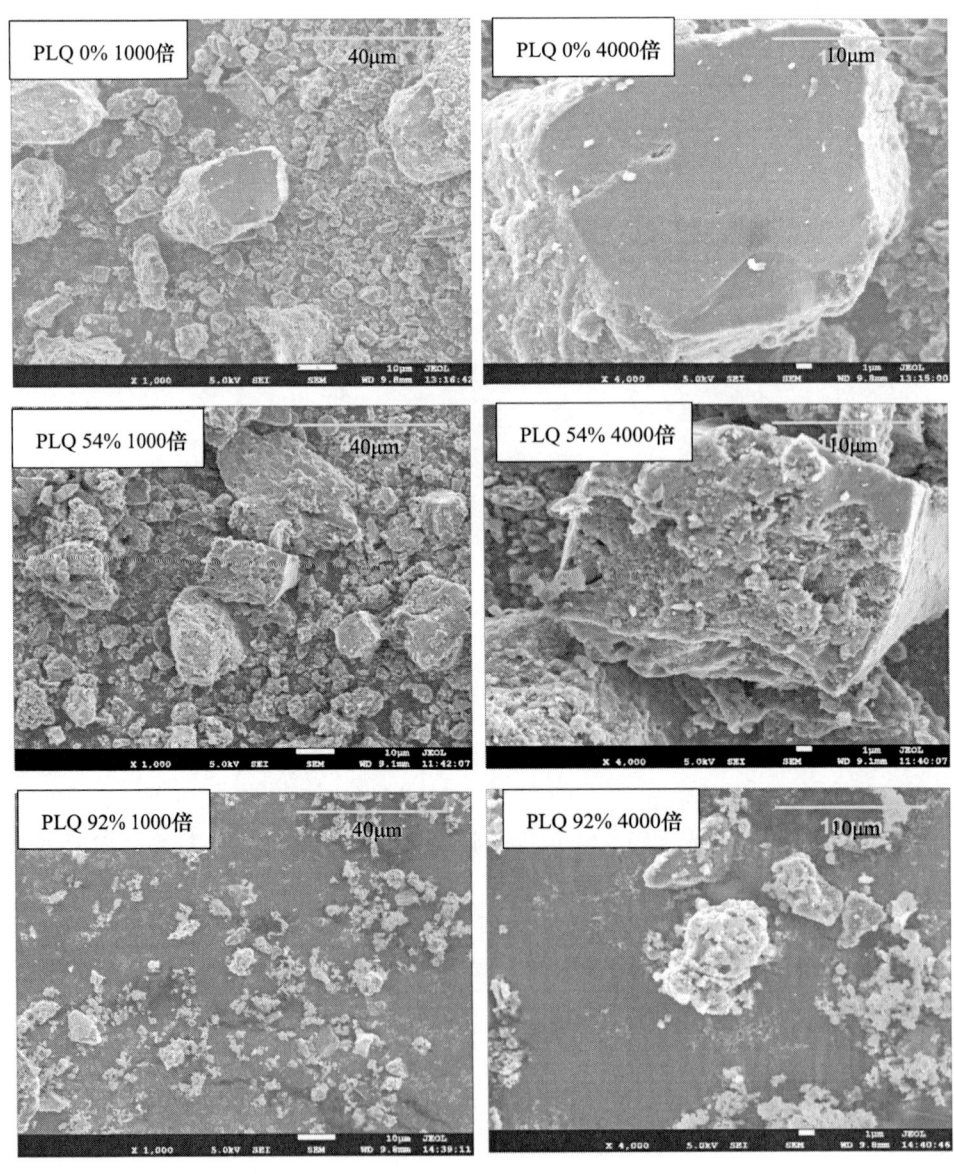

图 3-5 不同碳转化率煤焦的 SEM 图

由图 3-6 可知，在高温热台中原位煤焦颗粒气化过程中并未出现破碎现象。因此，随着气化反应碳转化率的增加，在 SEM 下观察到煤焦颗粒破碎是与气化残焦颗粒从坩埚中取出后混合均匀时易因人为搅拌而导致破碎有关。

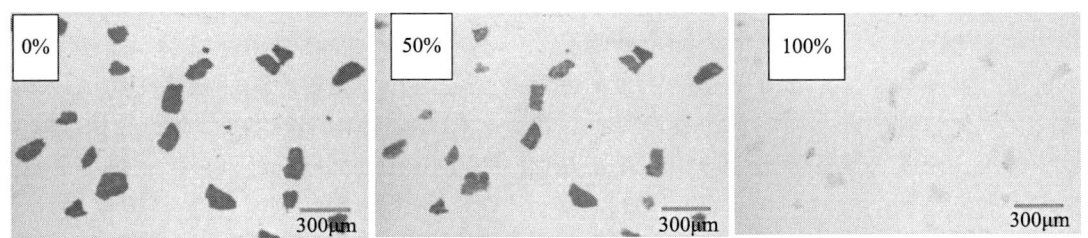

图 3-6 煤焦颗粒在热台气化过程中的形貌变化

3.3.1.4 不同转化率煤焦的孔结构和比表面积

如图 3-7 所示，不同碳转化率下的煤焦样品 BET 比表面积和孔体积有明显差异。随着碳转化率由 0% 增加到 54%，煤焦的比表面积由 128.7175 m^2/g 增加到 346.7364 m^2/g，孔体积由 0.0819 cm^3/g 增加到 0.2627 cm^3/g；随着气化程度的继续提高，煤焦的比表面积和孔体积均减小。煤焦的最大比表面积和孔体积出现在 54%～77% 之间。这是由于在气化反应初期，煤焦的封闭孔隙逐渐打开并形成新的孔隙，同时，原有的开孔孔隙也会继续生长，这将显著增大煤焦的比表面积和孔体积；当气化反应达到一定程度时，孔隙合并或坍塌，导致比表面积和孔体积降低[6,174]，这与图 3-5 中 SEM 结果一致。矿物质是煤焦的重要组成部分，但扫描电镜和孔结构结果无法描述煤焦颗粒内部矿物质和碳基质的结合状态，因此进一步采用同步辐射 CT 表征煤焦颗粒。

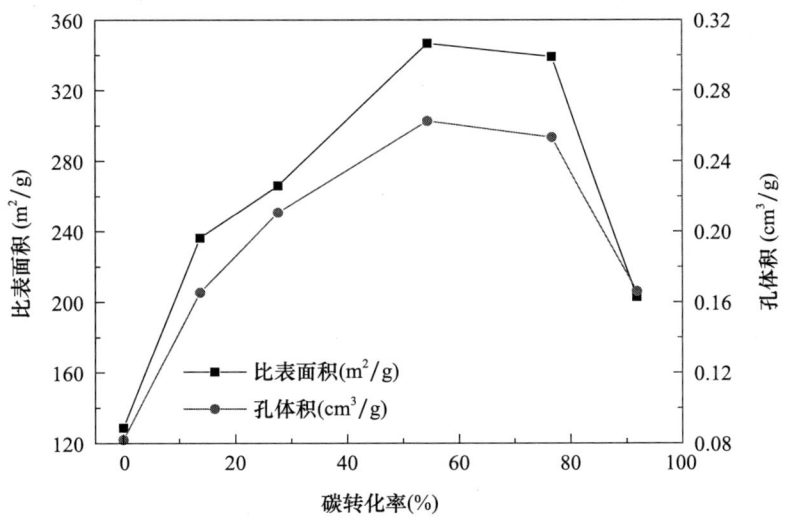

图 3-7 不同转化率煤焦的孔隙结构参数

3.3.1.5 不同转化率煤焦颗粒中碳基质和矿物质

煤焦主要由孔隙结构、矿物质和碳基质组成，本小节利用同步辐射纳米CT表征了不同碳转化率煤焦颗粒中灰分基质和碳基质的演化规律。根据上述组成所显示的灰度的差别，采用阈值分割方法区分矿物质和碳基质。从图3-8中可以看出，碳基质与矿物质在含量、粒度和位置分布等基本性质方面存在着显著差异。随着不同形式碳结构的不断消耗，气化过程中碳基质的含量逐渐降低。因此，随着碳转化率的增加，相应的碳基质粒径减小，而灰分基质的尺寸会因团聚而增加。正如XRD的分析结果所示，即使是较难反应微晶结构的微晶尺寸L_a也会明显减小，而活性碳结构的尺寸则更有可能减小。同时，矿物质分散在碳基质中，因而气化反应过程中的选择性反应可能是灰分在剩余碳基质上积累的原因。由此还可以看出，随着碳转化率的增加，煤焦颗粒的演化与收缩未反应芯模型的假设一致。值得注意的是，在气化过程中，煤焦颗粒的外表面边缘黏附着较多的灰基质，而内部的灰基质较少，应该是由于当反应速率受化学反应-扩散体系控制时，气化反应在焦粒内部发生[175]，说明煤焦颗粒气化过程与收缩未反应芯模型的假设并不完全相同，主要是颗粒尺寸变小和颗粒外层逐渐有较多矿物质覆盖与收缩未反应芯模型相符。因此，纳米CT所得到的煤焦颗粒形态变化可以作为反应机理和动力学模型的辅助确认手段。

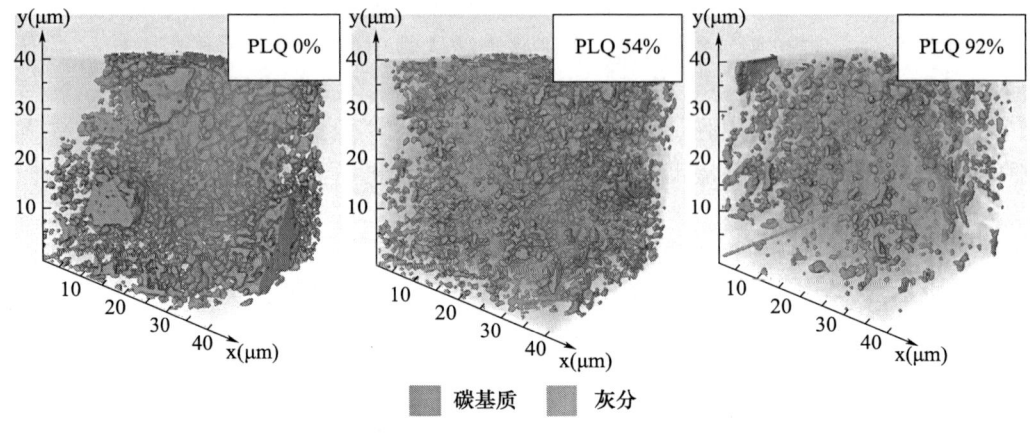

图3-8 煤焦颗粒的纳米CT图

3.3.2 不同转化率煤焦的非原位和原位气化特性

将不同碳转化率的非原位煤焦样品在不同温度下进行等温气化实验，如图3-9所示。总体来看，煤焦样品的气化反应性依次为PLQ 92％＞PLQ 77％＞PLQ 54％＞PLQ 28％，而PLQ 0％＞PLQ 14％，这表明随着碳转化率增加，非原位煤焦的气化反应活性先降低后升高。和煤焦原位气化反应相比[图3-1（b）]，煤焦的原位气化反应速率呈现先增大后减小的趋势，且当煤焦原位气化的碳转化率约为10％时，反应速率达到最大值。

为了深入理解不同碳转化率非原位煤焦气化反应性差异，将煤焦的动态结构与煤焦的非原位和原位反应性进行关联。

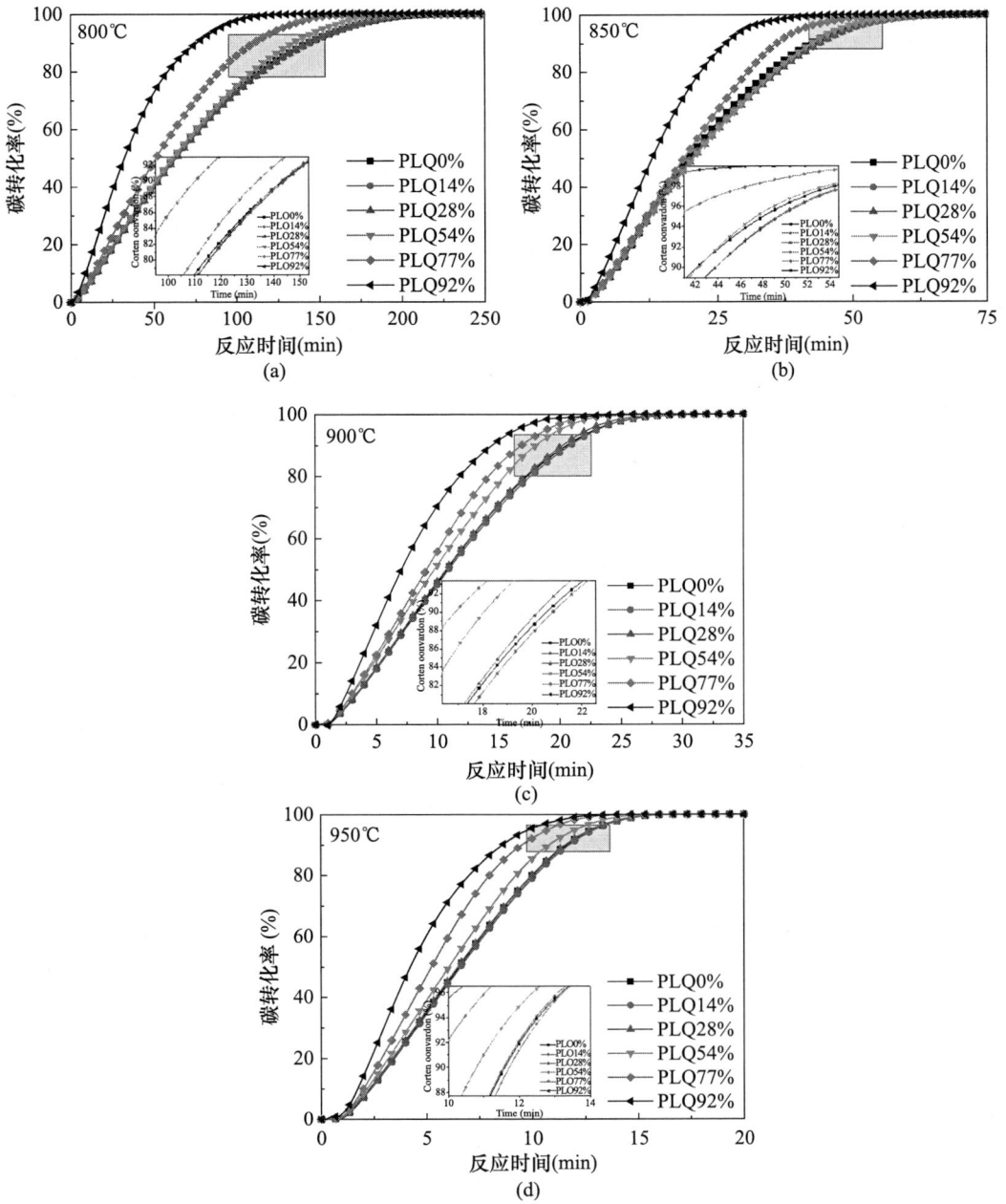

图 3-9 不同气化温度下非原位煤焦样品的碳转化率和反应时间

非原位煤焦结构的变化表明随着反应的进行，煤焦的石墨化程度呈单调增加的趋势。除气化反应的初始阶段外，煤焦化学结构（XRD 和拉曼结构参数）的变化与原位气化反应速率基本一致。然而，通过对比不同碳转化率煤焦的非原位气化反应性，可以看出煤焦的化学结构并不是决定气化反应性的唯一因素。非原位煤焦的最大比表面积和孔体积在碳转化率为 54%～77% 之间，而原位煤焦的最大反应速率却在碳转化率为 10% 左右。虽然对于 3.3.1.4 节中非原位煤焦孔结构变化的原因已有令人信服的推测，但这些猜想却不能合理地解释原位气化反应速率的变化，因而使得对孔结构决定气化反应性的推断产生质疑。因此,在本研究中孔结构对气化反应性的影响远小于化学结构的影响,孔结构的演化与煤焦的非原位气化反应性没有明显关系,这将在第 4 章中进一步验证。

此外,煤焦中矿物质也是影响气化反应性的重要因素。一般来说,矿物的催化活性取决于其在碳基质中的浓度、分散情况和化学形态。由表 2-2 可知,皮里青煤中含大量的碱金属和碱土分散在碳基质中,这有利于提高煤焦的气化反应性。随着反应的进行,碳基质持续消耗,矿物质在煤焦中的比例由 11.29% 增加到 60.62%,至反应结束接近 100%,因煤焦颗粒的碳基质不断减小和矿物质团聚,活性矿物与碳基质直接接触的程度反而降低;同时,根据纳米 CT 实验结果,可以直接观察到未反应碳被灰分包裹的程度逐渐增加,阻碍了气化反应进行;因此,在煤焦气化过程中无机矿物质的催化作用向抑制作用连续性转变。但在图 2-1(b)所示的煤焦原位等温气化初始阶段,反应速率反而显著提高,随后该速率曲线上出现了一个最大的气化反应速率值。因而推测,气体切换步骤所引起的反应体系中 CO_2 浓度逐渐增加的过程是决定最大反应速率出现的一个重要原因,这已被 Mahinpey 等[176]和 Zhang 等[177]用实验进行了证明。

与煤焦的原位气化情况相比,不同碳转化率下焦的非原位气化反应性随着碳转化率的增加而增加。这是由于在进行非原位等温气化前,焦样经过充分的混合不仅消除了煤焦灰层抑制扩散的效应,也提高了无机矿物在煤焦中的均匀性,有利于催化活性提高。然而,PLQ 0% 的反应性大于 PLQ 14% 的,这可能是由于无机矿物质的比例差别非常微小和煤焦中所含有的活性矿物质含量较低,因而煤焦的反应性可能在此范围内主要受化学结构而非矿物质的催化活性所控制。煤焦的无机矿物质和化学结构的综合作用决定了煤焦的非原位气化反应性,随碳转化率的增加有先略有降低后增加的规律。此外,我们推断煤焦中活性矿物达到特定阈值时,矿物质在反应中的催化作用才成为主导。否则,化学结构才起决定反应性的作用。Mahinpey 等[176]也提出当催化活性大于 0.025 当量摩尔碱/克煤时,矿物质的催化作用占主导。与此对比,气体切换步骤、石墨化程度的增加以及无机矿物的催化作用连续转变为抑制作用的共同作用可以合理地解释整个煤焦原位气化反应速率的变化。

3.3.3 煤焦气化的动力学分析

3.3.3.1 三种典型模型的动力学参数

为了研究煤焦样品气化反应性,将实验数据用三种模型分别进行线性拟合。如图 3-10 所示,以 PLQ 0% 煤焦为例,通过将 $\ln(1-X)$,$3[1-(1-X)^{\frac{1}{3}}]$ 和 $\frac{2}{\psi}[\sqrt{1-\psi\ln(1-X)}-1]$ 分别与反应时间 t 进行线性拟合,分析了不同气化温度的 VM、RPM 和 URCM 拟合结果,根据斜率获得煤焦的反应速率常数。

三种模型是建立在对气化过程不同假设的基础上,采用不同数学表达式 $f(X)$ 描述气化过程。由表 3-1 可知,不同转化率非原位煤焦使用 URCM 模型的线性拟合系数 (R^2) 均高于 RPM 模型,而 VM 模型的拟合系数又远低于 RPM 模型。尤其是,URCM 模型可以更好地描述煤焦气化的后期阶段。此外,随气化温度的升高,三种模型拟合的线性相关性越来越差,这说明扩散对气化过程的影响程度增加。

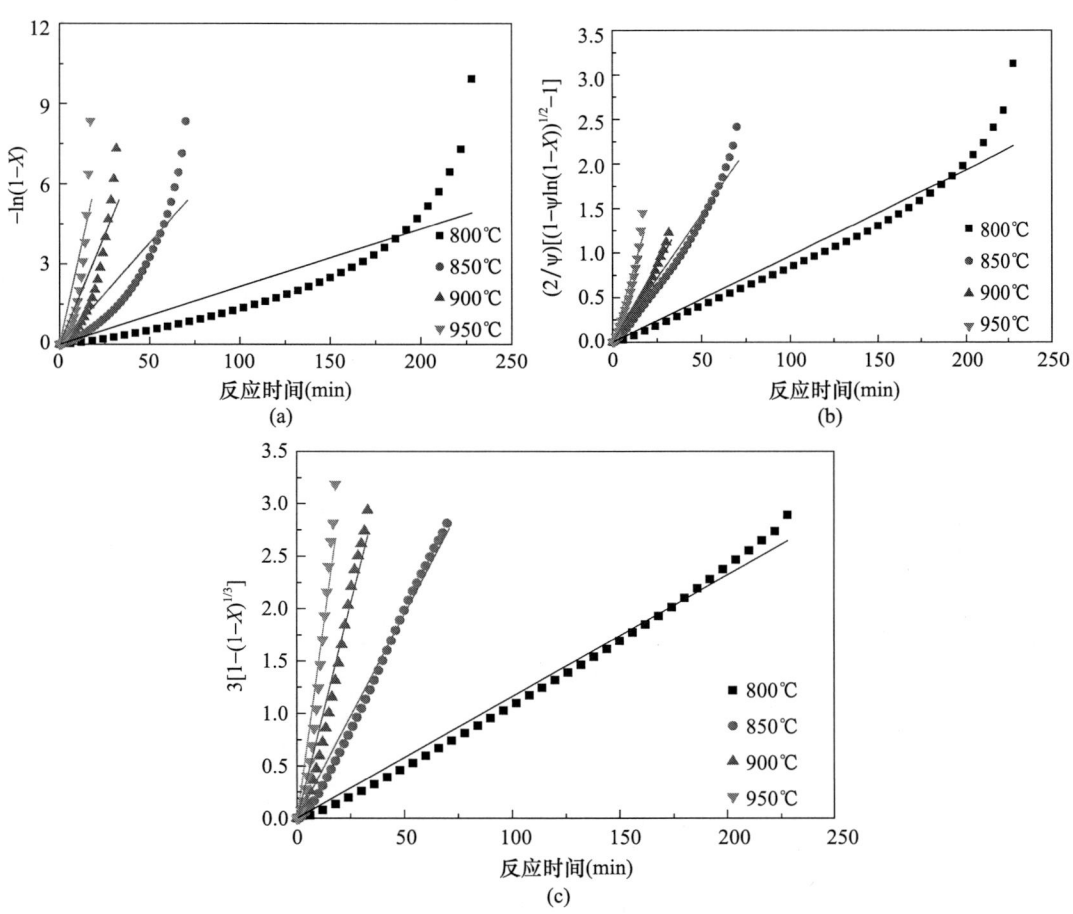

图 3-10　PLQ 0%焦样气化的 VM、RPM 和 URCM 模型拟合

表 3-1　三种动力学模型拟合结果的比较

样品	温度（℃）	VM		RPM			URCM	
		k_{VM}	R^2	k_{RPM}	Ψ	R^2	k_{URCM}	R^2
PLQ 0%	800	0.02157	0.9070	0.00966	2.78	0.9846	0.01161	0.9969
	850	0.07581	0.9103	0.02867	4.06	0.9882	0.03892	0.9957
	900	0.16343	0.8740	0.03465	16.20	0.9864	0.08156	0.9862
	950	0.30388	0.8037	0.06917	13.10	0.9644	0.14718	0.9729
PLQ 14%	800	0.02172	0.9018	0.00943	3.01	0.9835	0.0116	0.9960
	850	0.07217	0.9067	0.02937	3.48	0.9855	0.03787	0.9949
	900	0.16158	0.8434	0.04879	7.10	0.9727	0.08231	0.9820
	950	0.28705	0.8130	0.07429	10.44	0.9634	0.14698	0.9692
PLQ 28%	800	0.02129	0.9010	0.0096	2.84	0.9825	0.01168	0.9950
	850	0.07315	0.8953	0.02954	3.48	0.9826	0.03793	0.9941
	900	0.16334	0.8453	0.04797	7.84	0.9739	0.08643	0.9799
	950	0.29677	0.8039	0.06501	15.04	0.9655	0.14956	0.9711

续表

样品	温度（℃）	VM		RPM			URCM	
		k_{VM}	R^2	k_{RPM}	Ψ	R^2	k_{URCM}	R^2
PLQ 54%	800	0.02259	0.9023	0.0101	2.95	0.9823	0.01246	0.9935
	850	0.07568	0.8995	0.02886	4.02	0.9844	0.03904	0.9930
	900	0.18581	0.8617	0.06385	5.08	0.9714	0.09318	0.9812
	950	0.30109	0.8235	0.07076	13.63	0.9715	0.156	0.9737
PLQ 77%	800	0.02793	0.9086	0.01175	3.33	0.9855	0.01504	0.9947
	850	0.09096	0.9099	0.03189	4.57	0.9876	0.04473	0.9930
	900	0.19388	0.8790	0.04767	11.77	0.9852	0.10017	0.9851
	950	0.35134	0.8463	0.06653	21.05	0.9810	0.17759	0.9813
PLQ 92%	800	0.03939	0.9407	0.01558	3.96	0.9953	0.02136	0.9991
	850	0.11523	0.9360	0.03316	8.15	0.9965	0.05951	0.9960
	900	0.21532	0.9201	0.07196	5.58	0.9918	0.11375	0.9947
	950	0.37564	0.8798	0.12192	5.93	0.9833	0.1958	0.9916

VM 模型可以描述气化反应的前中期阶段，描述气化后期阶段的偏差较大，这是因为在初始反应阶段活性位点被认为是均匀分布在颗粒表面内外，然而 XRD 和拉曼结果均表明煤焦易反应的碳结构优先被消耗，引起碳微晶结构的有序化，此时，活性位的数量和分布发生显著改变，这与均相模型的假设矛盾。因此，VM 模型仅适用于煤焦气化的前中期阶段，对于整个气化过程的拟合系数最低。RPM 模型考虑了煤焦中孔的生长以及由于邻近孔的合并或坍塌而造成的孔隙结构破坏，进而预测最大反应速率，被认为是模拟煤焦气化反应过程的最佳选择，但在本研究中孔结构变化对煤焦的原位和非原位气化反应活性影响有限；同时，RPM 模型受最大反应速率的限制，当最大反应速率出现在低碳转化率时，在热重分析仪中气体切换成 CO_2 后，坩埚内气体浓度的平衡将决定孔结构参数的结果，这在气化反应受扩散控制状态下的影响更为显著；此外，研究者[126]常采用改进的随机孔模型解决最大反应速率出现在高碳转化率时的情况，这也证实了随机孔模型在解释孔结构变化方面并不精准。由上述分析可知，煤焦原位气化过程中未反应的碳基质将被累积的灰层包裹，活性矿物质与碳基质直接接触程度降低；纳米 CT 提供了未反应碳基质和灰基质的分布，进而反映了化学控制和扩散控制相结合的气化特征。通过对比原位和非原位煤焦气化反应性的差异，也证明了在整个气化过程中无机矿物作用的变化，虽然这些现象与 URCM 模型的假设略有差异，但在气化过程中煤焦结构中各组分对煤焦气化反应性的影响与假设一致。此外，如图 3-6 所示，利用 HTSM 研究皮里青煤焦单颗粒的原位气化特性时发现，煤焦颗粒在气化初期和中期呈收缩颗粒模式变化。随着反应的进行，在高碳转化率下，反应模式由收缩颗粒转变为收缩芯。因此，在本研究中，URCM 模型的假设可以更好地描述动态的 PLQ 煤焦结构和

整个气化反应过程。

Arrhenius 图斜率的变化可以反映化学控制和扩散控制之间的过渡区[178]。图 3-11 为不同碳转化率煤焦气化的 Arrhenius 图，$\ln k$ 与 $1/T$ 的线性相关系数较低，这表明扩散控制与化学控制并存，且扩散对气化的影响随气化温度而显著增加。本小节选取化学反应控制区域（800～900℃）的数据确定气化反应性的动力学参数。

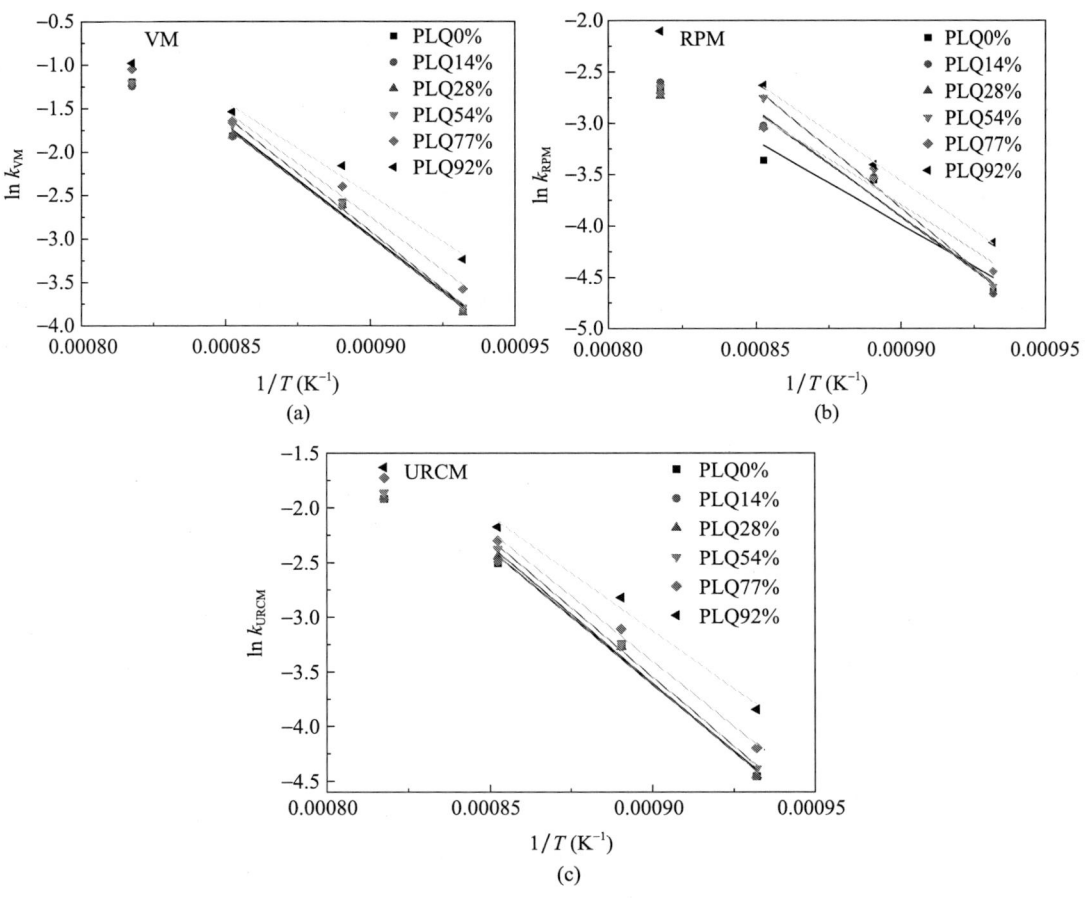

图 3-11 不同模型下不同煤焦样品的 Arrhenius 图

表 3-2 列出了选择不同模型获得活化能值有较大差异，这是由于模型采用不同假设描述煤焦气化反应。虽然 VM 模型的 Arrhenius 图具有较高的线性相关系数，但 VM 描述整个气化过程的相关系数较低，因此由 VM 模型得到的活化能参考价值较低。RPM 模型的 Arrhenius 图的线性拟合系数略低于 URCM 的线性拟合系数，表明 RPM 获得的动力学参数依然不能较好地描述气化反应过程。URCM 模型的 R^2 值最高，表明 URCM 模型获得的动力学参数为描述煤焦气化过程提供了重要的理论依据。同时，不同转化率非原位煤焦的形貌和微观结构变化也支持该结论。在本研究中 URCM 是最适合描述不同转化率非原位 PLQ 煤焦气化反应过程的模型，其活化能分布在 175.54～210.89kJ/mol。煤焦气化反应性是由活化能和指前因子共同作用的结果，因此活化能的大小并不等同于煤焦气化反应性的高低。一般而言，活化能越低，指前因子越大，气化反应活性越高[179]。

表 3-2 三种动力学模型获得动力学参数的比较

样品	VM		RPM		URCM	
	E_a (kJ/mol)	k_0 (min^{-1})	E_a (kJ/mol)	k_0 (min^{-1})	E_a (kJ/mol)	k_0 (min^{-1})
PLQ 0%	212.60	5.12E+08	135.01	4.12E+04	204.66	1.13E+08
PLQ 14%	210.54	4.03E+08	172.91	2.69E+06	205.61	1.24E+08
PLQ 28%	213.82	5.74E+08	169.29	1.82E+06	209.92	2.01E+08
PLQ 54%	220.91	1.32E+09	193.29	2.66E+07	210.89	2.36E+08
PLQ 77%	203.34	2.33E+08	147.42	1.92E+05	198.79	7.36E+07
PLQ 92%	178.38	2.01E+07	160.03	9.46E+05	175.54	7.84E+06

如图 3-12 所示，URCM 模型所得活化能 E_a 与 $\ln k_0$ 之间存在良好的线性关系，指前因子越大，反应活性越强，反应速率越快。以上现象也说明了活化能与指前因子之间的补偿作用是导致非原位煤焦气化反应活化能与反应活性顺序不同的原因。

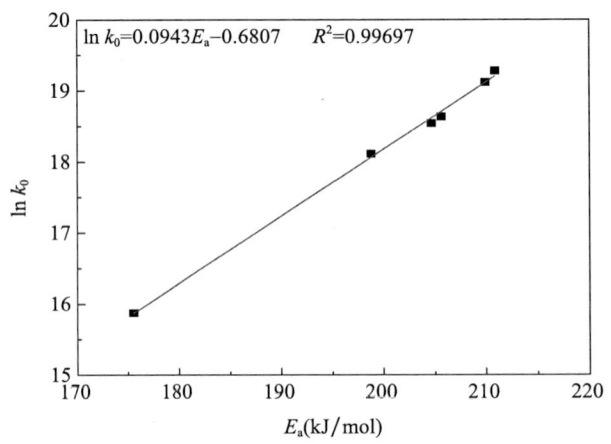

图 3-12 URCM 模型所得 E_a 和 $\ln k_0$ 的关联

值得注意的是，URCM 模型计算活化能是基于在整个气化过程中煤焦的活化能是恒定的，这与实际气化反应过程中煤焦结构不断变化的现象不符。此外，在利用模型法求反应动力学参数时，仅通过统计学标准（即线性相关系数）的高低以决定模型的选择可能不能反映真实和正确的机理函数，这在国际热分析及量热学学会（ICTAC）中已明确提出。因此，为了避免对反应机理的错误解释和模型选择不当引起活化能结果的不准确，有必要采用一种独立于动力学模型的方法来评估模型法求得的动力学参数的可靠性。

3.3.3.2 利用等转化率法获得的动力学参数

以不同碳转化率（X_c = 10%～90%）PLQ 0% 煤焦为例（图 3-13 和表 3-3），在 800～900℃ 范围内，不同气化条件下的非原位煤焦拟合相关系数（R^2）均大于 0.950，表明拟合结果具有较高的可靠性。

表 3-3　用等转化率法获得的动力学参数

X_c	PLQ 0%		PLQ14%		PLQ28%		PLQ54%		PLQ77%		PLQ92%	
	E_a	R^2	E_a	R^2	E_a	R^2	E_a	R^2	E_a	R^2	E_a	R^2
10%	154.60	0.971	156.62	0.964	158.66	0.967	164.24	0.988	153.09	0.984	129.13	0.969
20%	165.44	0.964	166.89	0.952	168.95	0.958	176.13	0.984	164.62	0.988	143.97	0.983
30%	172.50	0.954	173.80	0.948	175.97	0.957	182.99	0.983	170.91	0.989	150.70	0.986
40%	178.34	0.953	179.04	0.953	181.24	0.962	188.24	0.985	176.00	0.991	155.40	0.987
50%	183.34	0.955	183.67	0.959	185.93	0.968	192.48	0.987	180.72	0.992	158.96	0.986
60%	187.96	0.959	188.00	0.965	190.37	0.972	196.43	0.988	184.98	0.992	161.55	0.985
70%	192.64	0.963	192.51	0.970	194.78	0.977	200.41	0.990	189.01	0.992	163.87	0.983
80%	197.71	0.967	197.34	0.974	199.53	0.979	204.75	0.992	192.76	0.990	167.14	0.977
90%	203.83	0.970	203.00	0.977	205.20	0.982	210.10	0.993	196.61	0.985	173.35	0.967
Average	181.82		182.32		184.51		190.64		178.74		156.01	

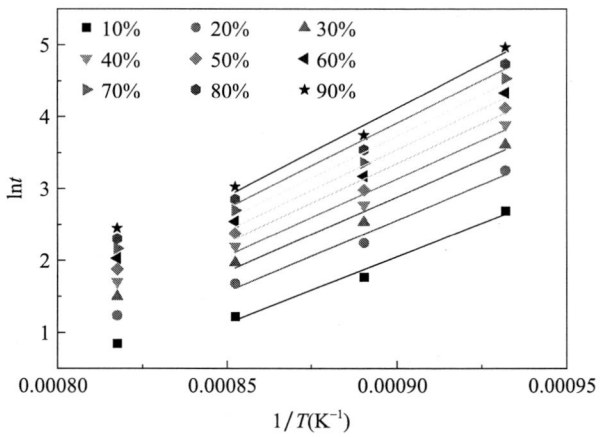

图 3-13　PLQ 0%煤焦样品的不同转化率下的 $\ln t$ 和 $1/T$ 的拟合图

如图 3-14 所示，不同碳转化率非原位煤焦气化的活化能在碳转化率为 90%时，URCM 模型的计算结果与等转化率法的计算结果接近，这可以认为 URCM 模型的计算结果是可靠的[176]。将平均活化能 E_{ave} 作为非原位煤焦气化过程的反应活化能。

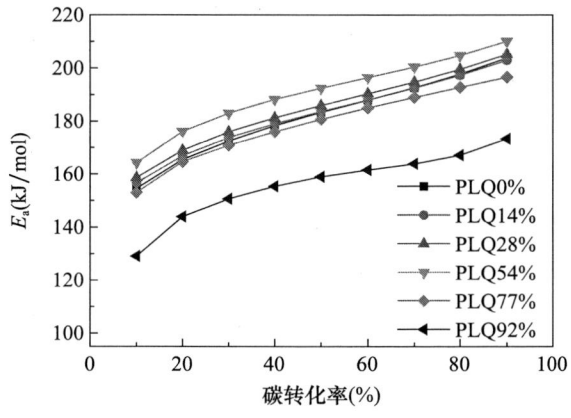

图 3-14　在气化过程中不同煤焦样品的反应活化能

此外，由表 3-3 可以看出所有煤焦的活化能 E_a 在原位气化反应过程中随反应的进行呈单调增加的趋势，这主要是由于在气化过程中碳结构的有序化以及煤焦中矿物质从催化作用转变为抑制效应。碳结构越有序，活化能会越高。同时，纳米 CT 显示了部分未反应的碳被矿物质包裹，这种矿物质积累的情况可以阻碍气体进入煤焦中，进而展示矿物质的抑制反应作用，这种现象在高碳转化率时尤为明显，最终阻碍了煤焦的气化反应，导致活化能逐渐增加。因此，可以合理推断出等转化率方法不仅可以通过比较其与不同模型拟合所得动力学参数以验证所选动力学模型的有效性，还可以通过煤焦在气化反应过程中活化能的变化趋势来验证气化反应机理。

3.4 本章小结

本章是通过在快速升温热重分析仪中制备出气化温度为 950℃ 条件下不同转化率非原位煤焦，利用 XRD、拉曼光谱、SEM、N_2 等温吸附和纳米 CT 等方法，更加系统和全面地研究了 CO_2 气化过程中煤焦样品的微观结构和形貌变化。此外，为了深入分析煤焦的物理化学结构对反应性的定性影响，利用热重仪器对非原位煤焦在不同气化温度下进行了等温气化实验，探索了原位与非原位煤焦的反应性特征区别。最后采用三种具有代表性的气固反应动力学模型和等转化率方法，对不同碳转化率的煤焦样品进行了动力学描述。主要结论有：

(1) 快速热解条件下，随气化反应的进行，皮里青原位煤焦的气化反应速率呈现先显著增加后降低的趋势，并在碳转化率约为 10% 处达到最大值，其主要原因为气体切换步骤、石墨化程度的增加、无机矿物由催化作用向抑制作用的连续性转变的共同作用。随着碳转化率的增加，不同碳转化率的非原位焦的气化反应性先降低后增加，可归因于石墨化度的提高和煤焦中矿物质的催化作用的共同作用影响：煤焦中的矿物质催化作用较小时，碳结构决定了气化反应性，当催化作用增至一定值，矿物质占主导作用。

(2) 根据非原位皮里青煤焦的模型拟合结果和气化过程中煤焦的动态结构，收缩未反应芯模型（URCM）是描述气化反应过程的最佳模型。此外，等转化率方法证实了 URCM 模型的有效性，并揭示了皮里青煤焦在原位气化过程中活化能逐渐增加的反应机理。

第 4 章　不同气化反应阶段快速热解煤焦的结构和气化特性

4.1　引言

煤焦结构是决定气化特性的关键因素，构建煤焦结构和反应性的关系，是定量描述煤焦反应性的基础。在第 2 章和第 3 章中初步研究了煤焦反应性的各影响因素，证实煤焦结构和反应速率随气化反应发生动态变化，且气化反应的控制因素也发生转化。因此，煤焦的某一特定指标不能准确地表述整个气化过程反应速率的变化，这也决定了单一结构参数的反应性模型无法全面描述煤焦的气化机理和准确预测煤焦的气化反应性。然而，多个参数耦合的煤焦结构和反应性关系的模型鲜有报道，特别是非等温气化特征指标的应用尚未被探索。

基于第 3 章的催化活性对反应性影响情况和脱灰煤会严重改变煤焦固有结构的综合考虑，本章选取具有极低催化活性的禾草沟烟煤进行实验。利用自制的竖式高温激冷炉制备不同热解温度和停留时间的煤焦，考察了热解条件对煤焦物理化学结构的影响，利用等温热重和非等温热重法考察了不同煤焦的气化反应性差异；借助线性回归等数学方法重点探索了各结构因素之间与反应性指标之间的关系；建立了多元线性回归的结构关系式以预测不同反应阶段的气化特征。

4.2　实验部分

4.2.1　实验原料

本章选用的是禾草沟（记作 HCG）煤。将原煤置于真空干燥箱中在 50℃下干燥 6h，然后粉碎并筛选出小于 180μm 的颗粒。表 4-1 和表 4-2 分别列出了 HCG 煤的工业分析、元素分析、煤灰化学组成及碱性指数。此外，HCG 煤灰的灰熔融温度在表 4-3 中列出。

表 4-1　HCG 煤的工业分析和元素分析

工业分析（wt.%）				元素分析（daf, wt.%）				$S_{t,d}$
M_{ad}	A_d	V_{daf}	FC_{daf}	C	H	O[a]	N	
1.61	8.41	40.37	59.64	83.51	5.61	8.32	1.98	0.53

注：表中 ad 为空气干燥基；d 为干燥基；daf 为干燥无灰基；a 为差减。

表 4-2　HCG 煤灰的化学组成（wt.%）和碱性指数（AI）

SiO_2	Al_2O_3	Fe_2O_3	CaO	MgO	SO_3	K_2O	Na_2O	AI
54.47	21.08	5.33	6.33	1.99	2.03	0.82	0.89	1.69

表 4-3　HCG 煤灰的熔融温度（℃）

DT	ST	HT	FT
1206	1232	1261	1323

4.2.2　不同热解温度和停留时间下高温快速热解焦的制备

本章利用自主搭建的竖式高温炉制备不同热解条件下的高温快速煤焦。如图 4-1（a）所示，竖式高温激冷炉主要由供气系统、循环水系统、激冷系统、快速升降系统和温度控制器五部分组成。在多个恒定温度条件下，利用热电偶确定了炉膛内的温度分布，如图 4-1（b）所示，炉膛的恒温区间约为 130mm。利用铂铑吊丝可控制样品在高温炉中位置，实现样品快速升降温。详细的快速热解焦制备步骤如下：称取 3.5g 左右的上述 HCG 原煤放入氧化铝坩埚（直径 30mm，高度 40mm，厚度 0.2mm），利用铂铑吊丝将坩埚置于激冷罐区，向炉膛内通入氩气（500mL/min）约 20min 后开始升温，当恒温区达到目标温度时，将氧化铝坩埚迅速拉至恒温区，样品的升温速率可达 6000℃/min。在达到预设的停留时间（10min、20min 和 40min）后，立即将坩埚移至激冷罐中，直至冷却到室温。收集煤焦样品，计算热解收率，并将煤焦研磨至小于 75μm 备用。根据热解温度和停留时间对样品进行标记。例如，1000-20 代表煤焦的热解温度为 1000℃，停留时间 20min。本章主要考察快速升温条件下热解温度和停留时间对煤焦理化结构的影响，选用的热解温度分别为 900℃、1000℃、1100℃、1200℃、1300℃、1400℃和 1500℃，停留时间分别为 10min、20min 和 40min。

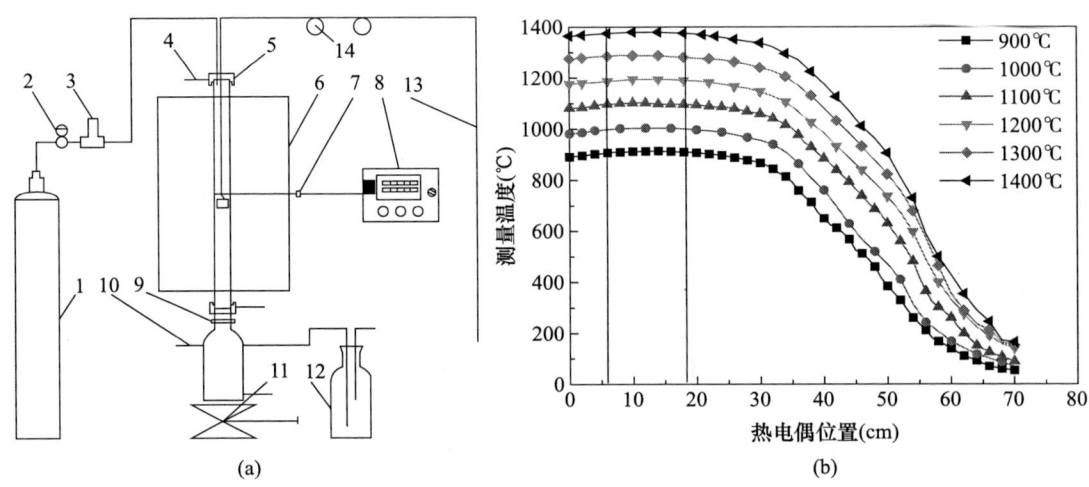

图 4-1　竖式高温激冷炉（a）和高温炉温度分布（b）

1—氩气钢瓶；2—减压阀；3—质量流量控制器；4—冷却水入口；5—法兰；6—绝热层；7—热电偶；8—温度控制器；9—激冷罐；10—冷却水入口；11—升降台；12—洗涤瓶；13—铂铑吊丝；14—滑轮

4.2.3 煤焦的理化结构表征

采用 XRD 和拉曼分析不同热解条件下煤焦的碳结构,并对 XRD 和拉曼谱图进行分峰拟合,具体步骤见 2.2.3.1 和 2.2.3.2;利用 N_2 等温吸附线获得煤焦的大孔和中孔分布,通过 CO_2 等温吸附线获得微孔分布,详见 2.2.3.4。

4.2.4 煤焦的热重等温和非等温气化反应性

利用常规 TGA 考察了不同热解条件下煤焦的等温和非等温气化反应性。等温气化中煤焦的初始质量为 (10±0.2) mg,将其置于常用的氧化铝坩埚中。通入氩气 (140mL/min),持续约 20min,随后以 50℃/min 的升温速率从室温升至目标温度(分别为 1000℃、1100℃和 1200℃),并在此目标温度下停留 1min,以保证样品温度均匀;将 Ar 切换为 CO_2 (140mL/min),直至煤焦的质量不再变化,停止反应,并降低温度至室温。非等温气化的煤焦的初始质量为 (10±0.2) mg,CO_2 流速为 140mL/min,与等温气化条件一致,而升温速率选取了文献中常用的 10℃/min。

4.2.5 等温和非等温气化数据的处理方法

等温热重气化数据的处理见第 2 章。为了定量地评价煤焦的非等温气化反应特性,参考煤燃烧和热解非等温分析的相关方法[75,180]对非等温气化数据进行解析。

如图 4-2 所示,为了保证各煤焦样品之间的数据具有可比性,将 TG 数据起点设定为 100%,而 DTG 数据起点为 0%/min。DTG 曲线中有一个最大值(点 P),其横坐标值是最大气化反应速率所对应的最大值温度(T_m)。点 P 的垂线与 TG 曲线相交于点 A,并在 A 点处作 TG 曲线的切线。同时,在 TG 曲线的起点和终点处取两条水平线,其分别与过 A 点的切线相交于 i 和 f 两点。最终,点 i 和点 f 的横坐标值分别表示初始反应温度(T_i)和结束温度(T_f)。此外,本书提出了综合气化特性指数 S 以比较不同样品的整体气化反应性,可以通过下式计算[75,180]。

$$S=\frac{\left(\dfrac{dX_c}{dt}\right)_{\max}\left(\dfrac{dX_c}{dt}\right)_{\text{mean}}}{T_i^2 \cdot T_f} \tag{4-1}$$

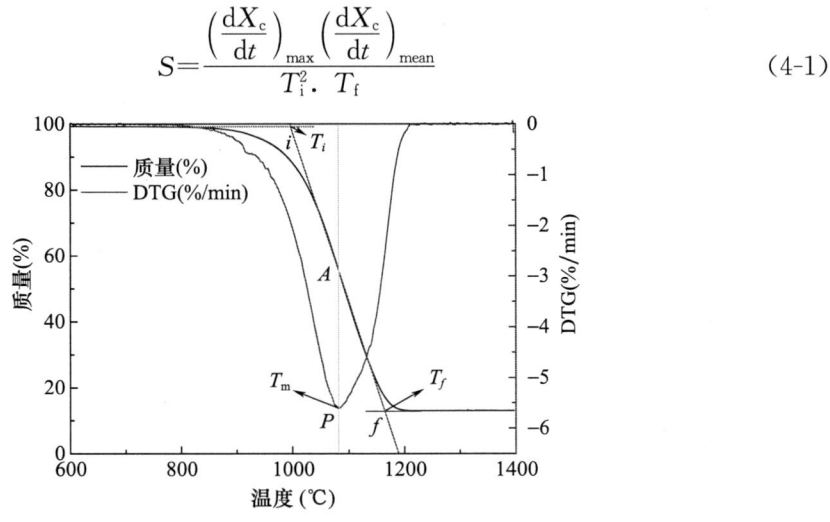

图 4-2 气化特征温度

式中，$\left(\dfrac{\mathrm{d}X_\mathrm{c}}{\mathrm{d}t}\right)_\mathrm{max}$ 为最大气化反应速率，$\left(\dfrac{\mathrm{d}X_\mathrm{c}}{\mathrm{d}t}\right)_\mathrm{mean}$ 为从反应起始温度到结束温度的气化反应速率平均值。S 是将煤焦的最大气化反应速率、平均反应速率、初始反应温度和结束温度综合以描述气化反应性高低的指标。S 值越大，气化反应性越高。

4.3 结果与讨论

4.3.1 不同热解温度和停留时间对煤焦物理化学结构的影响

4.3.1.1 热解温度和停留时间对碳微晶结构的影响

如图4-3（a）所示，随着停留时间的增加，煤焦 XRD 谱图在热解温度为 900℃ 和 1000℃ 时，未发生明显的变化；当热解温度达到 1100℃ 时，随着停留时间的增加，（002）峰的位置向更低的角度移动，峰形变得更对称和尖锐。此外，（002）峰的反射背景强度增加，而（100）峰和矿物峰均保持不变。由此可见，停留时间对煤焦微观结构的影响还取决于热解温度。随着温度由 900℃ 提高到 1500℃ [图4-3（b）]，（002）峰反射背景强度显著增大，峰形更对称和尖锐，峰位置（2θ）也向更低的角度偏移。因此，随着热解温度升高，煤焦的碳微观结构有序化程度增加。

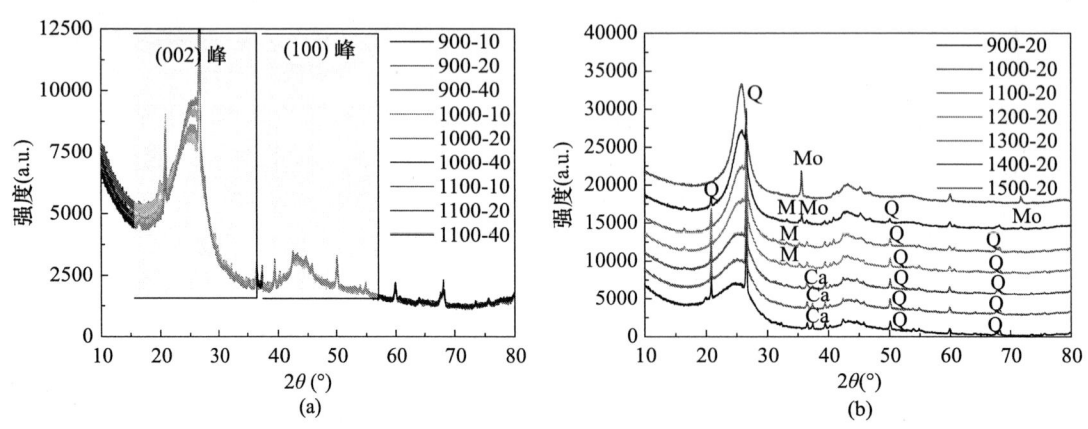

图4-3 不同停留时间（a）和停留时间 20min 不同热解温度（b）煤焦的 XRD 谱图
Q—石英；Ca—氧化钙；M—莫来石；Mo—碳硅石

如图4-4所示，选择 Wu 等[85]使用的拟合方法定量分析了不同热解条件煤焦碳微晶结构参数的变化，其完全符合上述热解温度和停留时间对微晶结构影响的定性规律。

表4-4列出了在相同的热解温度下，随着停留时间的延长，堆垛高度 $L_\mathrm{c,a}$ 略有增加，而 $d_\mathrm{002,a}$ 几乎保持不变。随着热解温度由 900℃ 增加到 1500℃，$d_\mathrm{002,a}$ 由 3.66Å 略降低到 3.53Å。同时，$L_\mathrm{c,a}$ 可以反映堆垛高度大小，其值由 18.52Å 增加到 34.36Å，且芳香层数 N 由 5.06 增加到 9.73。当热解温度达到 1100℃，停留时间越长，煤焦的晶体结构越有序。在较低的热解温度下，停留时间对晶体结构的影响是微乎其微的。此外，热解温度的升高会显著提高煤焦的石墨化度，这是由于更长的加热时间和更高的热解温度会削

弱碳结构中相邻基本结构单元（BSUs）之间的界面缺陷，并经缩聚反应增大芳香核的尺寸，但 BSUs 主要是在垂直方向上增长。

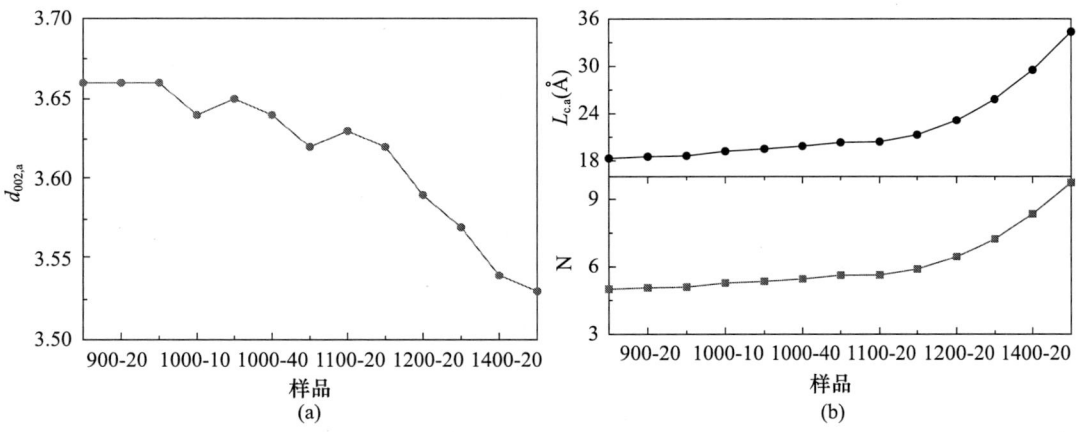

图 4-4 不同热解温度和停留时间煤焦的微晶结构参数

表 4-4 不同热解条件下焦样的结构参数

样品	$d_{002,P}$ (Å)	$L_{c,P}$ (Å)	$d_{002,G}$ (Å)	$L_{c,G}$ (Å)	X_P	X_G	$d_{002,a}$ (Å)	$L_{c,a}$ (Å)	N
900-10	4.27	26.97	3.54	16.63	16.26	83.74	3.66	18.31	5.00
900-20	4.26	26.72	3.53	16.85	16.90	83.10	3.66	18.52	5.06
900-40	4.27	27.25	3.54	16.96	16.08	83.92	3.66	18.62	5.09
1000-10	4.22	26.16	3.53	17.84	16.31	83.69	3.64	19.20	5.27
1000-20	4.18	22.63	3.51	18.65	21.18	78.82	3.65	19.50	5.34
1000-40	4.18	24.20	3.51	18.84	18.82	81.18	3.64	19.85	5.45
1100-10	4.16	24.23	3.51	19.46	18.00	82.00	3.62	20.32	5.61
1100-20	4.14	22.47	3.50	19.88	19.83	80.17	3.63	20.40	5.62
1100-40	4.06	21.15	3.48	21.32	23.52	76.48	3.62	21.28	5.88
1200-20	4.00	21.85	3.47	23.48	22.30	77.70	3.59	23.12	6.44
1300-20	3.97	23.20	3.47	26.44	19.37	80.63	3.57	25.81	7.23
1400-20	3.95	26.41	3.47	30.08	15.54	84.46	3.54	29.51	8.34
1500-20	3.93	32.51	3.47	34.63	12.82	87.18	3.53	34.36	9.73

此外，由图 4-3 也可以看出，1100℃下煤焦样品中主要矿物质为 SiO_2 和 CaO；当热解温度超过 1200℃时，主要矿物质为 SiO_2 和莫来石（$3Al_2O_3 \cdot 2SiO_2$），而在 1400℃以上时煤焦与 SiO_2 之间发生碳热反应形成碳硅石（SiC），此时能明显观测到三种矿物质共存于煤焦中，但在 1500℃时 SiO_2 完全转化为 SiC。在氩气气氛下，SiO_2 与煤焦的碳热反应机理与前人的结论基本一致[181]。

$$SiO_2 + C \longrightarrow SiO(g) + CO \tag{4-2}$$
$$SiO(g) + 2C \longrightarrow SiC + CO \tag{4-3}$$

总之，热解温度对碳基质与矿物质之间的反应有明显的影响，将可能导致矿物类型和含量以及碳的微观结构的转变。同时，在高温下的碳热反应产生的 CO 可能导致孔隙结构的变化。

4.3.1.2 热解温度和停留时间对煤焦碳结构的影响

如图 4-5（a）所示，随热解温度的增加，I_{D1}/I_G 由 8.5969 单调降低至 2.3850，主要存在于石墨烯层边缘的无序碳含量降低，多种形式的缺陷结构逐渐被消除，且在较高的热解温度下大的芳香环结构更可能缩聚成大的晶体碳结构。I_{D3}/I_G 由 1.6446 单调降低至 0.6128，表明煤焦中无定形碳易因温度的升高而缩聚成较大的芳香环或晶体结构。煤焦中的类石墨结构 I_G/I_{All} 由 0.0786 增加到 0.2003 [图 4-5（b）]，证实热解温度升高导致煤焦的结构变得更有序；但是 I_{D2}/I_G 和 I_{D4}/I_G 均呈现明显的波动。此外，随着停留时间的增加，I_{D1}/I_G 和 I_{D3}/I_G 均呈现略微下降的趋势，而 I_G/I_{All} 则呈上升趋势。

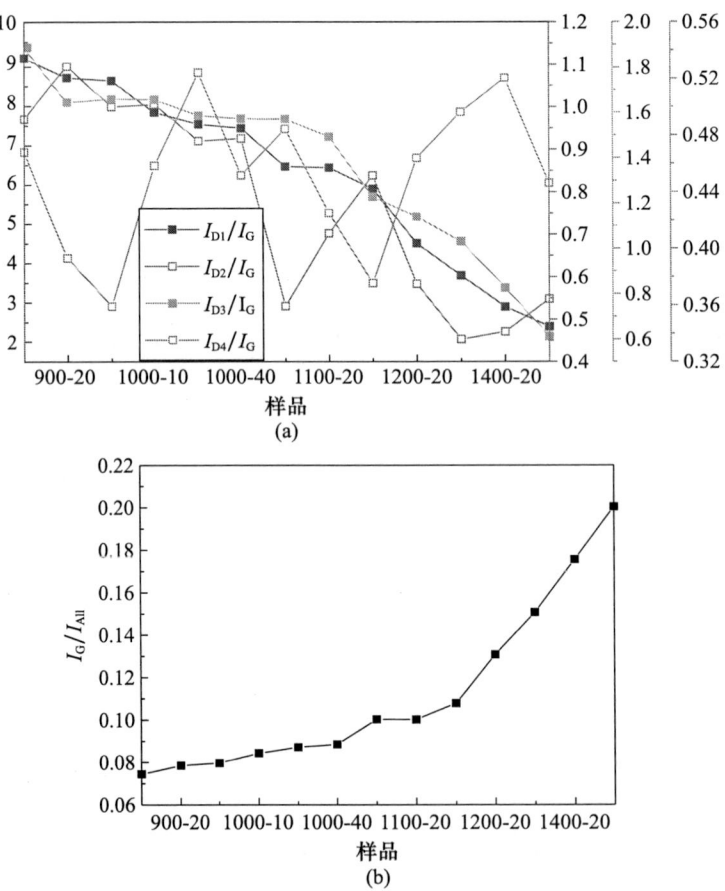

图 4-5 不同焦样的峰面积比 I_x/I_G（a）和 I_G/I_{All}（b）
（I_x 代表 x 峰的面积，x 分别为 D1、D2、D3 和 D4）

基于不同峰面积比值有较一致的变化趋势，图 4-6 中尝试探索 I_{D1}/I_G 分别与 I_G/I_{All} 和与 I_{D3}/I_G 之间的相关性。I_{D1}/I_G 和 I_G/I_{All} 之间存在幂函数关系：$I_{D1}/I_G = 0.297 (I_G/I_{All})^{-1.326}$（$R^2 = 0.9973$），表明主要存在于石墨烯层边缘的无序碳所占比例随类石墨结构的比例增加而减小，但二者线性相关性较差。此外，I_{D1}/I_G 和 I_{D3}/I_G 之间不存在明确的线性关系，在进行多元线性回归时，应当作不同的自变量。

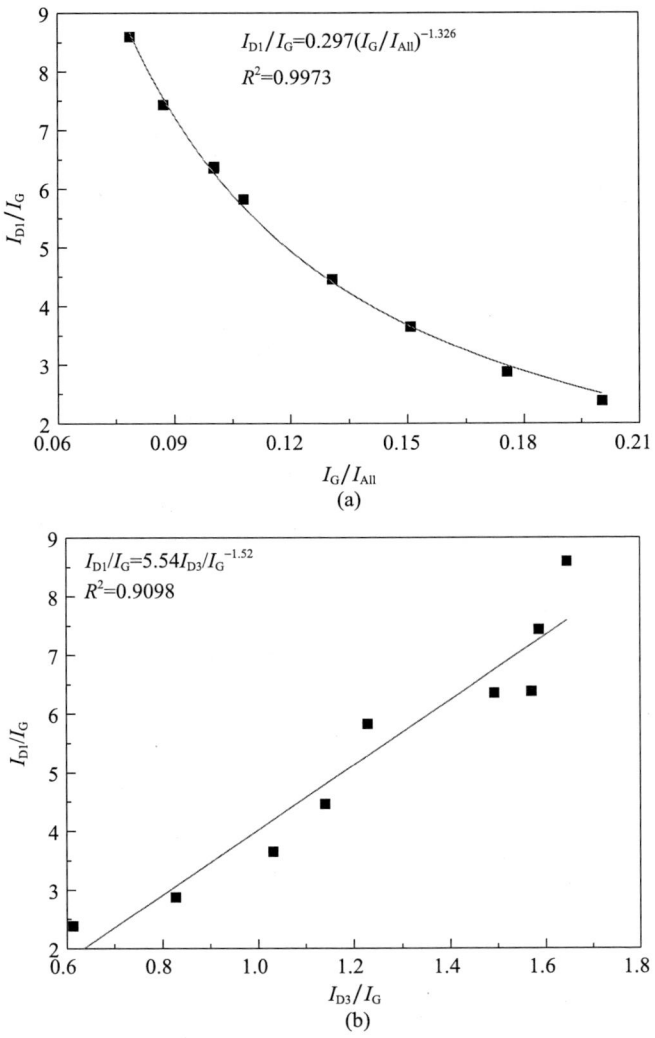

图 4-6 I_{D1}/I_G 与 I_G/I_{All} （a）和 I_{D3}/I_G （b）之间的关联

4.3.1.3 热解温度和停留时间对比表面积和孔结构的影响

煤焦的孔隙结构对气化反应性有一定的影响，尤其是孔隙表面是吸附反应的关键活性位点[182-183]。因此，考察了停留时间和热解温度对煤焦样品 BET 比表面积和孔体积的影响。

由表 4-5 可知，在较高的升温速率下，煤颗粒中的挥发分会分解较快并以气体形式析出。热解速率随温度升高显著增加，煤焦的大孔和中孔逐渐增加，进而导致 S_{N_2} 逐渐增加；但热解温度达到 1300℃，煤焦的比表面积反而下降至 3.963m²/g，而在 1500℃ 时煤焦的比表面积又增加到 5.849m²/g，这是由煤灰熔融和碳热反应引起的。当温度升高到 1300℃ 时，热解温度超过半球温度（1261℃），煤灰发生软化和熔融，煤焦孔道堵塞，导致比表面积 S_{N_2} 降低；然而，当热解温度从 1300℃ 增加到 1500℃ 时，SiO_2 与煤焦发生碳热反应生成 CO，有利于中孔和大孔的形成，因此导致在此条件下煤焦的比表面积增加。

表 4-5　煤焦的 BET 比表面积 S_{BET}（S_{N_2} 和 S_{CO_2}）和孔体积

样品	BET 比表面积（m²/g）		孔体积（cm³/g）		
	N_2	CO_2	微孔	中孔	大孔
900-20	2.845	88.596	0.02645	0.00548	0.00827
1000-20	3.606	22.834	0.00685	0.00625	0.00944
1100-10	3.650	8.700	0.00104	0.00723	0.01178
1100-20	3.625	10.965	0.00153	0.00690	0.01159
1100-40	3.164	18.726	0.00146	0.00625	0.00944
1200-20	4.345	7.901	0.00116	0.00861	0.00512
1300-20	3.963	10.606	0.00093	0.00855	0.00459
1400-20	4.428	7.569	0.00085	0.00914	0.00737
1500-20	5.849	9.767	0.00096	0.01179	0.00813

CO_2 比表面积与 N_2 比表面积变化的趋势相反。随热解温度的增加而降低，而在 1300℃时呈现出增大的趋势，但当热解温度升高到 1400℃时，S_{CO_2} 降低到 7.569m²/g，而在 1500℃时，S_{CO_2} 升高到 9.767m²/g。结合 S_{N_2} 的结果，可以推断，加热速率快和热解温度高，有利于产生较多的中孔和大孔，但不利于微孔的形成。煤焦中的灰基质发生软化和熔融以及较高温度下的碳化缩聚反应，可导致煤焦中的大孔和中孔结构向微孔演化；此外，碳热反应释放的气体会使大孔或中孔迅速增多，而且部分堵塞的微孔也可能会变为中孔和大孔。另外，停留时间的延长，可以使 S_{N_2} 减小，却促进了 S_{CO_2} 的增加。不同类型孔的孔体积变化趋势也验证了以上推断。

4.3.2　热解温度和停留时间对气化反应性的影响

4.3.2.1　等温条件下的气化反应特征

如图 4-7 所示，随着热解停留时间增加，热解温度为 900℃和 1000℃的煤焦碳转化率几乎不变化，而热解温度为 1100℃下的煤焦碳转化率降低幅度非常显著。在相同热解温度不同停留时间下制备的煤焦样品的气化反应性变化的趋势与碳石墨化度的变化基本一致。

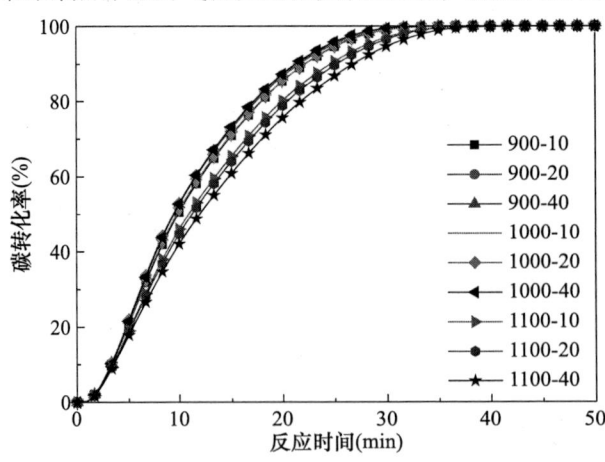

图 4-7　在气化温度为 1100℃的不同热解时间煤焦的碳转化率和反应时间关系

如图 4-8 和图 4-9 所示，在相同气化温度下热解温度对 CO_2 气化反应性有显著影响，不同煤焦的反应速率与碳转化率曲线均有相同的单峰特征。煤焦气化反应过程分为三个阶段：初始反应阶段、快速气化阶段和结束阶段。结果表明，不同气化温度下的完全反应时间随热解温度的增加而延长，较高的热解温度会降低煤焦的气化反应性。此外，气化反应性的降低程度取决于热解和气化温度的共同作用，这是由于较大的 BET 比表面积和无序的碳微晶结构均有利于提高煤焦气化反应性[184]。然而，初始反应和快速气化阶段未表现出此趋势，这是由于煤焦结构对气化反应性的影响趋势有较大差异（S_{BET} 变化的趋势与碳微观结构不一致）以及各气化阶段主导反应性的结构因素也在不断变化。同时，由图 4-8（b）可知，煤焦反应性的顺序却呈现 HCG 1100-20＞HCG 1000-20＞HCG 900-20，这可能是由于在等温气化的步骤中，煤焦在惰性气氛下经过再次加热将改变煤焦的原始结构，进而影响其气化反应性。更关键的是，当气化温度远高于热解温度时，煤焦在更高的温度下热解程度加剧。因此，非常有必要研究非等温气化条件下的煤焦气化特征以避免等温气化方法的上述缺陷。

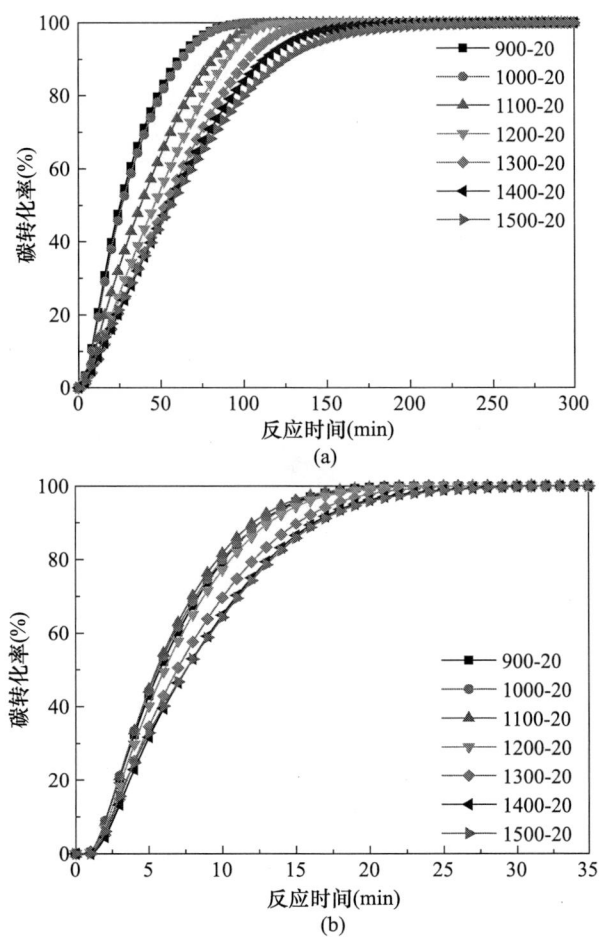

图 4-8　气化温度为 1000℃（a）和 1200℃（b）不同热解温度焦样的碳转化率与反应时间

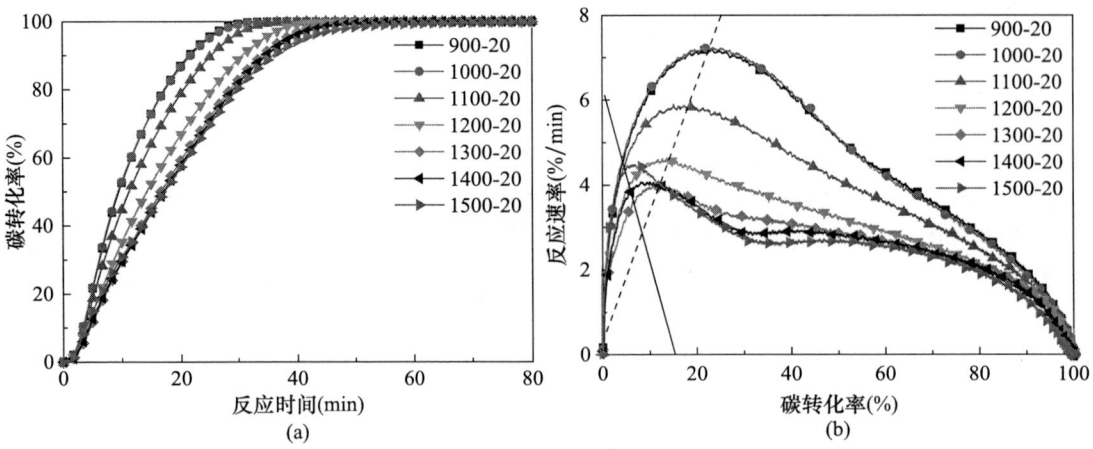

图 4-9 在气化温度 1100℃下不同热解温度的焦样的碳转化率与（a）反应时间和（b）反应速率的关系

4.3.2.2 非等温条件下的气化反应特征

如图 4-10 所示，不同停留时间的煤焦气化反应性依次为 HCG 1100-10＞HCG 1100-20＞HCG 1100-40。此外，在不同碳转化率下，不同热解温度下制备的煤焦的反应性顺序是有区别的。

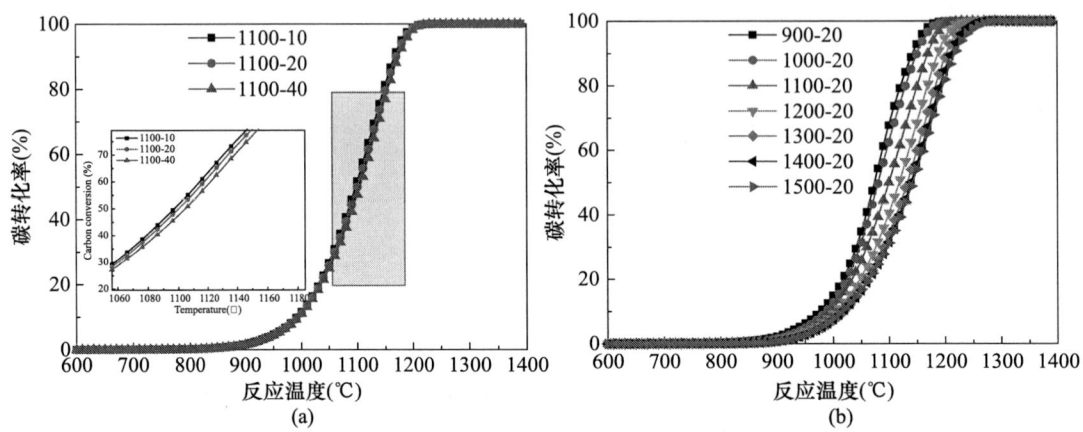

图 4-10 不同热解停留时间（a）和热解温度（b）下焦样的碳转化率和反应温度的关系

非等温条件不同煤焦的气化反应特征参数见表 4-6。反应速率最大值对应温度（T_m）和结束温度（T_f）随热解温度和停留时间的增加呈单调增加的趋势，而综合气化特性指数 S 呈相反规律，其他特征参数呈现波动性变化。这表明气化反应速率在不同反应阶段受不同结构因素控制，这与等温气化曲线反映的变化趋势一致。同时，随着热解温度的升高，S 值由 $3.41\times10^{-12}\,\mathrm{min^{-2}\cdot ℃^{-3}}$ 降低到 $1.92\times10^{-12}\,\mathrm{min^{-2}\cdot ℃^{-3}}$，这可能是由于煤焦的活性位点越少（结构更有序），气化反应结束所需的时间越多。

表 4-6 非等温气化条件下焦样的气化特征参数

焦样	T_i (℃)	T_m (℃)	T_f (℃)	DTG_{max} (%/min)	dx/dt_{max} (%/min)	dx/dt_{mean} (%/min)	$S \times 10^{12}$ $min^{-2} \cdot ℃^{-3}$	t_g (min)
900-20	1006.11	1080.72	1142.58	5.91	7.32	5.38	3.41	13.65
1000-20	997.01	1082.35	1164.41	5.61	6.77	4.96	2.90	16.74
1100-10	1013.65	1127.92	1181.01	5.26	6.34	4.82	2.52	16.74
1100-20	1020.17	1130.28	1182.85	5.26	6.34	4.86	2.50	16.27
1100-40	1029.38	1138.53	1185.14	5.30	6.39	4.90	2.49	15.58
1200-20	1026.43	1153.43	1206.39	5.35	6.33	4.57	2.28	18.00
1300-20	1050.29	1163.09	1216.57	5.30	6.33	4.71	2.22	16.63
1400-20	1066.64	1173.05	1220.28	5.26	6.20	4.74	2.12	15.36
1500-20	1059.75	1173.93	1228.74	5.00	6.00	4.40	1.92	16.90

4.3.3 煤焦的物理化学结构与气化特性的关系

4.3.3.1 不同结构参数间的关系

XRD 可以提供较高重现性和准确性的石墨化度，且微晶结构参数 $L_{c,a}$ 和 N 均可以用以评价此指标。在所有的不同结构参数间的拟合结果中，以 N 与 I_G/I_{All} 的线性相关系数 ($R^2=0.9751$) 略大于 $L_{c,a}$ 与 I_G/I_{All} 相关系数 ($R^2=0.9725$) 为例，可看出 N 比 $L_{c,a}$ 更有代表性。因此，图 4-11 给出了 N 和拉曼的碳微观结构参数及 S_{N_2}、S_{CO_2} 的关系。N 与 I_G/I_{All} 呈现出显著线性关系 ($R^2=0.9751$) 而 N 与 I_{D1}/I_G 呈现出较好的指数关系 ($R^2=0.9974$)，其相应的表达式为 $I_{D1}/I_G=2.26+6.39\exp^{-(N-5.04)/1.37}$。因此，$N$ 值可以在一定程度上代表线性回归方程中的 I_G/I_{All}。同时，N 代表石墨化程度，这与 I_G/I_{All} 的物理意义一致。然而，N 与 I_{D1}/I_G、I_{D3}/I_G、S_{N_2} 和 S_{CO_2} 之间的线性相关系数过低，因此，当使用更多相关的物理化学结构预测气化反应性时，不能忽视 I_{D1}/I_G、I_{D3}/I_G、S_{N_2} 和 S_{CO_2} 对反应性影响的作用。

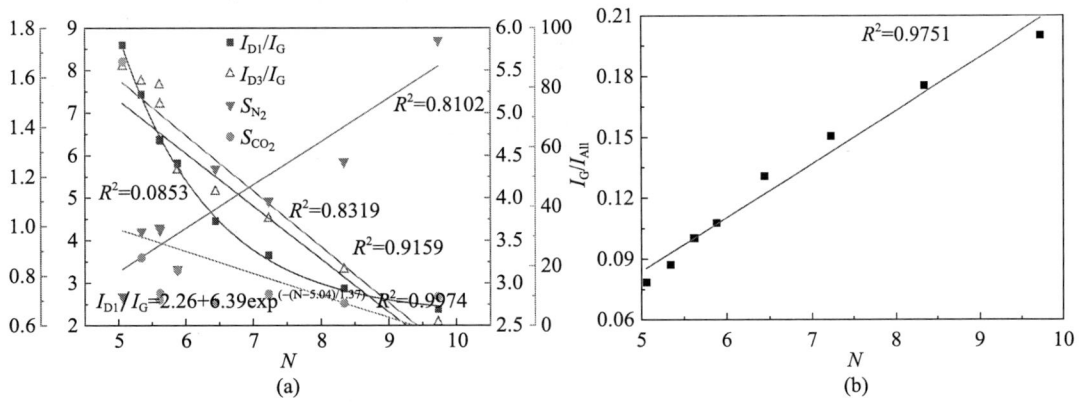

图 4-11 N 与拉曼结构参数和 S_{BET} 的关系

4.3.3.2 煤焦的物理化学结构与非等温气化特性的关系

热解温度是煤焦物理化学结构的主要影响因素，停留时间也在一定程度上影响煤焦的结构。同时，结构特征也从本质上影响煤焦气化反应性。第 3 章内容中已对该问题有了定性的分析，但较多的结构参数均与气化反应性相关，因此需要利用降维的思路从定量的角度预先探索出各结构参数对煤焦气化反应性的影响程度。如图 4-12 所示，为了进一步明确不同煤焦气化反应性差异的原因和主导结构因素，将不同的物理化学结构参数与不同的气化特征温度分别进行关联。

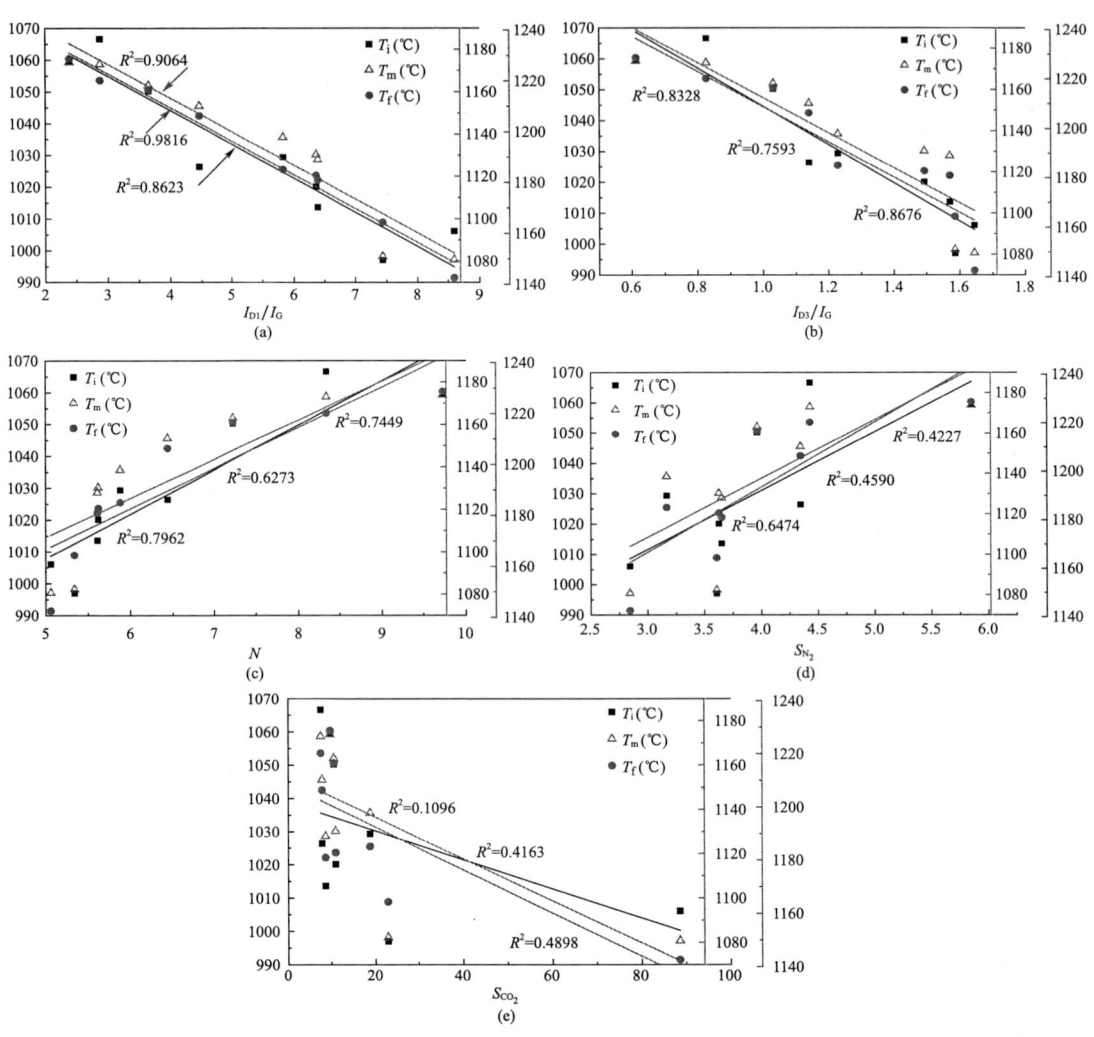

图 4-12　单个物理化学结构参数和不同气化特征温度的关系

由图 4-12 可知，T_i、T_m 和 T_f 均随 I_{D1}/I_G 的增加而降低。与此相似，随着 I_{D3}/I_G 和 S_{CO_2} 的增加，三个特征温度也呈单调递减的趋势。但是，T_i、T_m 和 T_f 均随着 N 和 S_{N_2} 的增加而增加。这表明了大量的缺陷碳结构（主要是无序碳）、无定形碳结构和微孔比表面积有利于提高气化反应性。与此相反，煤焦中含有较多更有序的类石墨结构和较大的 N_2 比表面积通常导致较高的气化特征温度。通过比较 T_i、T_m 和 T_f 与单个结构参数的线性相关系数，煤焦的物理化学结构参数对气化反应性的影响程度可依次归结为 I_{D1}/I_G > I_{D3}/I_G > N > S_{N_2} > S_{CO_2}。此结果表明煤焦的化学结构对气化反应性的影响远大于物理结构。这表明 I_{D1}/I_G 可以作为一个评估煤焦气化特征温度的粗略指标，其与 T_i、T_m 和

T_f 的线性拟合系数 R^2 分别为 0.8623、0.9064 和 0.9816。这可能是由于石墨烯边缘的无序碳结构占所有形式的碳结构的比例最大,因而会对气化过程的整个阶段产生显著影响。无定形碳更适合用以表示初始阶段的反应特征;N_2 和 CO_2 比表面积对煤焦气化特性只有一定程度的影响,但不能作为关键因素,因此在工业应用中应谨慎地将其作为评估气化反应性的指标。

由于单一的物理化学结构参数不能精确地评估所有的特征温度,因此提出了基于拉曼和 XRD 谱图所代表的结构参数组合的方式,通过多元线性回归方法进行分析,以探索出最合适的组合结构参数,实现预测不同阶段(不同特征温度)下的煤焦气化反应性的目标。考虑到各结构参数的物理意义,并对每种情况下的线性回归结果进行比较,在此研究条件下本书最终建立了如下关系式:

初始阶段:$T_i = 1106.67 - 62.04 I_{D3}/I_G$ $R^2 = 0.8676$;

中间阶段:$T_m = 1320.63 - 22.61 I_{D1}/I_G - 9.75N$ $R^2 = 0.9279$;

结束阶段:$T_f = 1306.39 - 16.2 I_{D1}/I_G - 4.26N$ $R^2 = 0.9895$

在煤焦气化反应的初期阶段,CO_2 易倾向于与无定形碳反应[172,185]。较高的线性相关系数也表明了无定形碳比存在于石墨烯层边缘的无序碳更容易发生反应。随着气化反应的进行,煤焦中产生较多的孔表面,这意味着大量的无序碳结构(特别是存在于石墨烯层边缘的结构)将共同主导煤焦气化的中间阶段。同时,一些类石墨结构也会参与气化反应。但从多元线性回归的结果中 p 值的角度分析,该式中较高的 p 值(0.129)远大于 0.05,表明类石墨结构所起作用较小。随着活性的碳结构不断消耗,在反应的结束阶段拟合结果中 N 对应的 p 值为 0.047,这表明了类石墨结构的作用是随反应进行而逐渐增强的。

综上所述,本章研究发现了煤焦的化学结构参数与特征温度之间存在着合理且良好的相关性。在当前的实验条件下,煤焦的初始化学结构可以用来预测不同阶段的气化反应性。然而,煤焦中的无机物质(如碱金属和碱土金属)和气化反应条件也都可能对煤焦气化反应过程带来影响,导致结构因素与反应性指标之间的相关拟合系数不够高。因此,无机矿物质和气化条件对预测反应性的影响有待进一步研究。同时,为了验证所提出的预测模型的有效性和相关意义,还需进一步研究不同煤种的适用情况。

4.4 本章小结

本章利用竖式高温激冷炉制备禾草沟煤焦,研究了快速热解条件下,停留时间和热解温度对煤焦的物理化学结构和不同反应阶段的气化特性的影响,并深入分析了各个物理化学结构参数与不同特征温度之间的定量关系。主要结论如下:

(1)较长停留时间和较高的热解温度使碳微晶结构更有序,但热解停留时间对碳微观结构的影响取决于热解温度。当气化温度远高于热解温度,等温气化在惰性气氛中的升温阶段可能引起煤焦结构变化,非等温气化方法可以有效地减少非原位焦的结构变化,且随着热解温度和停留时间的增加,反应活性逐渐降低,揭示了反应速率受不同阶段的化学结构因素控制。

(2)T_i、T_m 和 T_f 与单个结构参数的线性相关系数揭示了煤焦的物理化学结构参数对气化反应性的影响程度依次为：$I_{D1}/I_G > I_{D3}/I_G > N > S_{N_2} > S_{CO_2}$，表明了比表面积不是气化反应性的主导因素，禾草沟煤焦的化学结构对气化反应性的影响远大于物理结构，并可将 I_{D1}/I_G 作为评价煤气化中各个特征温度的粗略指标。

(3) 结合煤焦的 XRD 和拉曼代表的不同结构参数分析，建立了基于煤焦化学结构参数与反应特征温度的关系，评价了各阶段的反应活性：

初始温度 $T_i = 1106.67 - 62.04 I_{D3}/I_G$ $R^2 = 0.8676$；

最大反应速率温度 $T_m = 1320.63 - 22.61 I_{D1}/I_G - 9.75 N$ $R^2 = 0.9279$；

反应结束温度 $T_f = 1306.39 - 16.2 I_{D1}/I_G - 4.26 N$ $R^2 = 0.9895$

据此，阐明了煤焦不同化学成分在各反应阶段的作用：在气化反应的初期阶段，CO_2 易倾向于与无定形碳反应；随着反应的进行，大量的无序碳结构，特别是存在于石墨烯层边缘的结构，与类石墨结构共同主导煤焦气化的中间阶段，但类石墨结构所起作用较小；在后期阶段类石墨结构的作用逐渐增强。

第 5 章　TGA 和 HTSM 条件下粒径对等温气化反应特性的影响

5.1　引言

不同的气化炉对入炉煤的粒径要求有很大不同,例如固定床气化炉要求粒径为10～100mm 的块煤,流化床则要求粒径 0～8mm 的细煤,气流床是采用小于 0.1mm 的粉煤进料[186]。气化炉中,煤颗粒的停留时间与气化剂的接触面积均受颗粒粒径的影响,尤其对于气流床气化炉,粒径的增大能够导致气化效率降低和残渣中碳含量增多。因此考察粒径对煤焦气化反应性和动力学的影响,不仅可以深入探索内扩散对反应过程的影响,而且可以从理论角度指导气化炉的设计、操作和稳定运行。

许多学者研究了粒径对煤焦气化反应性的影响,Huo 等[64]在 TGA 中研究了不同粒径的煤焦和石油焦在 850～1300℃ 的气化反应特性,并定量计算了蒂勒模数和效率因子以量化孔扩散对煤焦气化的影响,发现气化反应性越高,颗粒粒径对反应过程影响越显著且孔扩散阻力越大。Meng 等[187]利用固定床反应器和 TGA 发现不同粒径的煤焦在气化过程中内扩散效率因子在气化过程的早期出现一定程度的减小,而在中后期表现出较大程度的增加。邹晓鹏[188]利用 TGA 研究了粒径对不同煤阶制备的煤焦气化反应速率的影响,发现随粒径的增大,高阶煤焦受到的扩散阻力影响越显著,而低阶煤焦由于发达的孔隙,粒径的增大对其比表面积和反应性无显著影响。相比之下,在 950～1100℃ 的气化温度范围内,颗粒范围为 420～2300μm 的低阶煤的反应速率与颗粒尺寸无关[69]。此外,一些研究表明,低于粒度阈值,粒度对气化动力学的影响可以忽略不计[65,73]。这些矛盾的结论启发了许多学者利用不同的反应体系研究颗粒尺寸对气化反应特性的影响。不可否认,颗粒尺寸作为质量和热量传递的关键因素,被认为是影响反应速率的参数之一,在本质上决定了 CO_2 浓度和颗粒温度。

一般情况下,CO_2 气化反应速率受反应物扩散影响,而反应体系的 CO_2 浓度主要取决于气体流量。为了获得本征反应速率,必须预先消除外部传质效应,然后需要足够的 CO_2 气体流量,直到对测量的气化速率的影响可以忽略不计为止[29]。然而,许多研究人员认为即使在高气体流速下也存在停滞气体区域,如果样品床层位于坩埚口下方,则该方法并不完全可靠[189-190]。因此,如果考虑不当,扩散可能会引起反应速率的错误表达,在实验中难以获得真实的本征反应速率,若不能真正消除外扩散,计算的内扩散效率因子的准确性应受到质疑。然而,气化温度对反应速率也有很大的影响,导致煤焦的反应机理复杂。目前,研究者们提出了三种反应机制反映不同机制控制的反应速率与温度[86],提出扩散对气化反应的影响程度随温度的升高而变化。此外,人们普遍认为相邻两种状态之间的过渡是由许多参数决定的，如半焦的物理化学结构、灰分性质、粒径和反应系统[187,191]。因此，人们对煤焦气化动力学进行了广泛的研究，以获得令人信服的本征反应速率。

如文献综述所述，许多气固反应技术和系统已用于研究含碳材料与 CO_2 的气化反应性和动力学，包括热重分析仪、丝网反应器、滴落床、气流床、流化床和固定床反应器[95]。在所有热分析仪中，TGA 具有方便、高效、精确和需要少量样品的优点，已被广泛认为是评价煤焦气化反应性和动力学的适用实验室技术[65]。但是，由于坩埚尺寸无统一的标准，TGA 实验中颗粒的堆积产生颗粒间的相互作用，进而引起外扩散和床层扩散，影响气化反应性结果。这些问题均说明通过 TGA 测定的煤焦反应特性结果只能反映某种特定气化条件下的情况，无法反映多种真实气化情况，尤其是气流床单颗粒气化特点的煤焦气化反应性，不能从理论上指导实际工业生产中气化炉的设计和操作。此外，如上所述，应该认真对待停滞气体区域的存在。对于基础研究而言，尽最大限度地创造和实际工业应用中更为接近的反应条件，才能正确地指导气化炉的设计和稳定运行。高温热台显微镜（HTSM）可实现单颗粒煤焦气化过程的原位观察，为评价煤焦在实际气化炉中的气化特性提供了一种新的思路。据报道，半焦颗粒的气化行为依赖于反应系统[132,191]，表明需要更多的反应系统数据以避免对本征反应结果的误解。然而，在热重分析仪和高温热台显微镜实验中对煤焦气化特性的对比研究却鲜见报道。

此外，模型拟合法通常被用于描述气化反应[7]，而煤焦的结构和反应性是气化反应的动力学基础，对气化反应动力学有重要影响。无模型法不仅可以验证传统动力学模型的可靠性和准确性，而且可以提供动力学参数的变化，有助于理解反应机理[114-115]。然而，模型拟合法和无模型法在高温气化反应中的应用却很少受到重视。

本章通过不同的方法对煤焦气化特性进行了深入的研究，为深入了解煤焦气化反应的内在特征提供了理论参考。采用 HTSM 原位研究了不同粒径煤焦在不同气化温度下的气化反应性，并与 TGA 结果进行比较。此外，还采用模型拟合法和无模型方法研究了扩散影响下的气化反应动力学。最终，基于计算效率因子和实验效率因子的比较，阐明两个反应系统的半焦气化特性的差异。

5.2 实验部分

5.2.1 样品选择及制备

本章选用第 4 章中使用的热解温度 1200℃ 和停留时间 20min 的禾草沟煤焦（HCG 1200-20），HCG 原煤的工业分析和元素分析、煤灰的化学组成分析、碱性指数、熔融特征温度同上。为了尽可能消除颗粒的形状不规则和较宽范围的粒径对所测气化反应性结果的影响，使用 <75μm、96～111μm 和 300～320μm 的标准筛分别筛出不同粒度范围的煤焦颗粒，并利用激光粒度分析仪测定已筛出煤焦的平均粒径，其分别约为 44μm、106μm 和 308μm。在气化反应性测定中，由于将粒径为 44μm 的颗粒置于 HTSM 中的操作难度大且拍照效果差，因此在 HTSM 实验中所用粒径为 106μm 的样品代表小粒径煤焦，相应的小粒径煤焦统一标记为 44hcg，大粒径煤焦标记为 308HCG。

5.2.2 煤焦在 TGA 和 HTSM 中的等温气化反应特性测定

通过 SETSYS 高温 TGA 测定煤焦的等温热重气化反应特性，目标温度分别为 950℃、1000℃、1050℃、1100℃、1150℃、1200℃、1250℃、1300℃、1350℃ 和 1400℃，而在本章中利用 HTSM 进行原位观察不同条件下的煤焦气化实验，高温热台显微镜装置实验如图 5-1 所示，整个系统包括体视显微镜、图像采集系统、HP1400G 热台反应炉、程序升温控制仪、循环水冷系统、供气系统和抽气泵等。高温热台的最高操作温度为 1400℃，最大升温速率为 100℃/min。

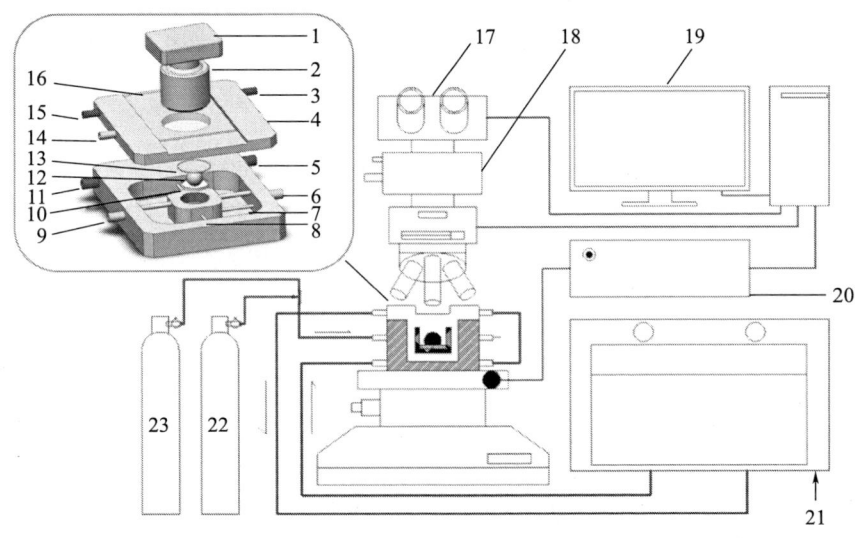

图 5-1 高温热台显微镜的结构装置

1—数码相机；2—物镜；3—出水口；4—前盖；5—进水口；6—样品进气口；7—热电偶；
8—加热片；9—样品排气口；10—坩埚；11—出水口；12—样品；13—内部玻璃盖；
14—镜头冷却气；15—进水口；16—前窗玻璃；17—目镜；18—信号采集；19—电脑；
20—温度控制器；21—冷却水；22—氩气钢瓶；23—氮气钢瓶

具体实验步骤为：首先，为了消除 CO_2 浓度的影响，保证结果的准确性，将 6~11 个煤焦颗粒置于自制的坩埚中，保证样品颗粒分散无接触。其次，将坩埚放置于热台反应炉中，并且在反应炉的上层放置耐高温玻璃片以防止散热和热解挥发物污染镜片。再次，利用空气泵排出反应炉中的空气，并采用与等温 TGA 法相同的温度控制程序进行气化实验。目标温度分别为 950℃、1000℃、1050℃、1100℃、1150℃ 和 1200℃。最后，利用 Photoshop 软件对显微镜记录的图像进行预处理，得到一系列包含一个颗粒的剪切图像。然后利用 ImageJ 软件编程，对截取的图像进行批量分析，得到不同反应时间下的颗粒面积，并以此计算煤焦颗粒的气化反应速率。

本书需要注意的是，许多学者利用 TGA 研究煤焦与二氧化碳气化反应动力学时，一般是通过向圆柱形坩埚中装入一定量的煤焦进行的，但对坩埚的尺寸一直无规范的统一标准。本章未特殊说明处均选择常用的坩埚，其直径为 8mm，高度约为 5.1mm，记作 CC5.1。

5.2.3 煤焦在 TGA 和 HTSM 中气化反应数据的处理方法

在 TGA 中煤焦等温和非等温气化反应的碳转化率和反应速率的计算公式与 2.2.2 中的相同，不同碳转化率下的反应性指数为：

$$R_{Xc}=\frac{X_c}{t_{Xc}} \tag{5-1}$$

式中，X_c 是碳转化率；t_{Xc} 是达到碳转化率 X_c 所用的时间。

对于热台中测定的结果，需考虑到气化过程中煤焦颗粒的碳基质不断消耗，内在矿物质以灰或渣的形式黏附在残焦上，因此煤焦颗粒的收缩率 $r_{shrinkage}$ 常作为定量评价收缩程度的指标[192-193]，计算公式为：

$$r_{shrinkage}=\frac{A_0-A_t}{A_0} \tag{5-2}$$

式中，A_0 表示所选煤焦颗粒的起始投影面积；A_t 是反应时间 t 时的颗粒面积。

基于前人利用 HTSM 研究煤焦气化实验的文献[106，194]，通常假设煤焦颗粒的密度在气化过程中是一个常数。为与利用 TGA 测定的气化实验结果对比，采用以下公式计算 HTSM 中煤焦颗粒的碳转化率：

$$X=\frac{m_0-m_t}{m_0-m_f}\times 100\%=\frac{V_0-V_t}{V_0-V_f}\times 100\% \tag{5-3}$$

式中，V_0、V_t 和 V_f 分别为煤焦颗粒反应前的初始体积、不同气化时间 t 下的瞬时体积和反应结束时的体积。同时，在计算 HTSM 中煤焦颗粒的面积和体积时，通常假设样品是各向同性球形的颗粒，因此在 HTSM 中最终的碳转化率计算式可转化为：

$$X=\frac{\frac{\pi d_0^3}{6}-\frac{\pi d_t^3}{6}}{\frac{\pi d_0^3}{6}-\frac{\pi d_f^3}{6}}\times 100\%=\frac{A_0^{\frac{3}{2}}-A_t^{\frac{3}{2}}}{A_0^{\frac{3}{2}}-A_f^{\frac{3}{2}}}\times 100\% \tag{5-4}$$

式中，d_0、d_t 和 d_f 分别表示煤焦颗粒的初始直径、不同气化时间 t 下的瞬时直径和反应结束时的直径；A_f 表示煤焦颗粒反应结束时的投影面积。

考虑到煤焦颗粒的形状差异和不均匀性，本书的研究中采用取平均值的方法获得 HTSM 的最终结果，相应的公式为：

$$X_a=\frac{1}{pn}\sum_{i=1}^{pn}X_i \tag{5-5}$$

式中，X_a 为 HTSM 中煤焦颗粒的平均碳转化率；PN 为所选煤焦颗粒个数；X_i 为某个颗粒的碳转化率。其他参数（如颗粒直径、面积和收缩率）的平均值均采用此方法计算。

5.2.4 煤焦在 TGA 和 HTSM 中等温气化反应动力学分析

本章计算等温气化反应动力学参数时选择了均相模型、收缩未反应芯模型和修正体积模型，计算方法详见第 1 章 1.5.1 节；无模型法可以确定活化能的变化，而不考虑选择错误动力学模型的风险。此外，它可以在不假设任何特定反应模型的情况下有效地评估不同碳转化的活化能，从而更容易理解气化过程中的反应机理。由方程的组合可以得到数学方程式（5-6）、式（5-7）：

$$\int_0^X \frac{dX}{f(X)} = \int_0^t k_0 \exp(-E_a/RT) dt \tag{5-6}$$

对式（5-6）两边取对数后，式（5-7）的表达式为：

$$\ln t = \ln\left[\frac{F(X)}{k_0}\right] + \frac{E_a}{RT} = C + \frac{E_a}{RT} \tag{5-7}$$

其中 $F(X)$ 是 $1/F(X)$ 的积分形式；C 表示常数。

5.2.5 煤焦在TGA和HTSM中等温气化的内扩散效率因子

在TGA研究中，通常在不考虑外扩散和床层扩散影响的情况下使用内扩散效率因子以量化内扩散对反应的影响程度，相应的实验内扩散效率因子的表达式为[64]：

$$\eta_{\exp} = \frac{\text{有内扩散阻力的反应速率}}{\text{无扩散阻力的反应速率}} \tag{5-8}$$

此外，可以通过Thiele提出的内扩散模型方法计算煤焦气化反应的效率因子 η_{cal}。通常将煤焦颗粒假设为球状，并将气化反应假设为一级反应，在常压条件下相应的内扩散因子为：

$$\eta_{cal} = \frac{1}{\phi}\left[\frac{1}{\tanh(3\phi)} - \frac{1}{3\phi}\right] \tag{5-9}$$

其中Thiele模数的计算式为[195]：

$$\phi = \frac{d}{2}\sqrt{\frac{RT\rho(1-X)A_{int}\exp\left(-\frac{Ea_{int}}{RT}\right)}{M_c D_{eff}}} \tag{5-10}$$

式中，d 是样品颗粒的直径，m；R 为理想气体常数 8.3145 J/(mol·K)，T 是反应的气化温度，K；ρ 是煤焦的密度，kg/m³；k_0 是指前因子，min⁻¹；Ea_{int} 是本征反应动力学活化能，J/mol；M_c 是碳的摩尔质量，g/mol；D_{eff} 是有效扩散系数，m²/s。

为对 D_{eff} 进行精确计算，通常同时考虑分子扩散和努森扩散两种机理，因而 D_{eff} 的表达式为：

$$D_{eff} = \frac{1}{1/D_b + 1/D_k} \tag{5-11}$$

式中，D_k 是努森扩散系数，D_b 是分子扩散系数，在 CO_2 气氛下其可以通过下式计算：

$$D_b = \frac{\varepsilon}{\tau} D_m = \frac{\varepsilon}{\tau} \times 1.4 \times 10^{-5} \times \left(\frac{T}{273.15}\right)^{1.8} \tag{5-12}$$

式中，D_m 是气化剂的扩散系数；ε 是煤焦的孔隙率；τ 是曲率因子。

通常情况下，ε 和 τ 主要是由煤焦样品的物理性质和孔隙结构决定，但考虑到煤焦结构的复杂性，不易通过实验测得，因而在达到降低分子扩散系数数量级的目的后，在计算中近似取 $\varepsilon/\tau = 0.1$[64,196]。由于此实验条件下努森扩散可认为是无限大，因而 $1/D_k$ 远小于 $1/D_b$[197]，进而可将 D_{eff} 的计算式近似简化为：

$$D_{eff} = D_b = \frac{\varepsilon}{\tau} \times 1.4 \times 10^{-5} \times \left(\frac{T}{273.15}\right)^{1.8} = 1.4 \times 10^{-6} \times \left(\frac{T}{273.15}\right)^{1.8} \tag{5-13}$$

5.3 结果和讨论

5.3.1 外扩散和床层扩散对煤焦气化反应特性的影响

为了消除 TGA 实验中外扩散对煤焦气化反应的影响，常采用增加气体流量至不再影响测得反应速率的方法[29,198]，以在气化温度为 1100℃时的气化结果为例说明。如图 5-2 所示，随着 CO_2 流量的增加，相同时间时煤焦达到的碳转化率逐渐增大，且当流量超过 120mL/min 时，气化反应速率基本不再提高，因此在常规的 TGA 气化实验分析中被普遍认为，当 CO_2 流量超过 120mL/min 时，外扩散的影响可以忽略不计。但由于坩埚侧壁高度会引起气体滞留层，使得对这种常规的消除外扩散结果产生质疑，因而需对上述常规方法所得结论的有效性进行了验证。

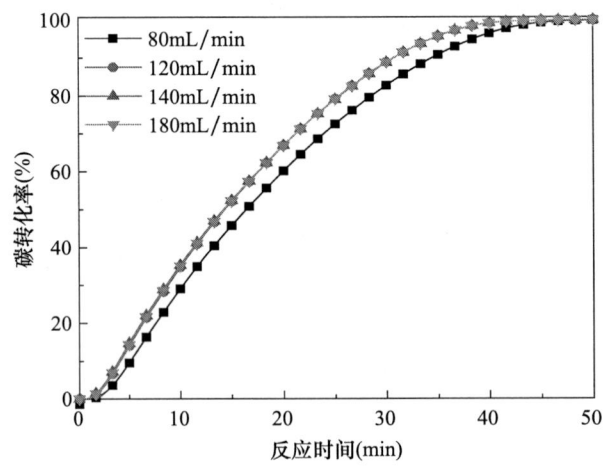

图 5-2 在 TGA 中气化温度为 1100℃下的不同 CO_2 流速下的碳转化率和反应时间关系

如图 5-3 所示，选择了相同直径和侧壁高度分别约为 1.6mm、3.6mm 和 5.1mm（分别记作 CC1.6、CC3.6 和 CC5.1）三种坩埚，在气体流量为 140mL/min（超过 120mL/min 以保证气体流量对煤焦的反应速率无影响）和气化温度为 1100℃条件下测定了煤焦的等温气化反应特性。随坩埚侧壁高度的减小，小颗粒和大颗粒煤焦均表现出气化反应速率增加的趋势，这与预期中在消除外扩散条件下各种坩埚所测得的反应速率应该相同的设想不符，表明当坩埚内存在气体滞留区（有一定的侧壁高度）时，导致煤焦表面反应物的气体供应不足，使得煤焦在有侧壁的坩埚中的气化反应速率受煤焦表面反应物气体的供应量控制，相应的气化速率受滞留区中气体扩散速率的影响，因此增加气体流速难以真正消除外扩散对煤焦气化的影响。研究者基于坩埚内存在气体滞留区这一事实，提出了一种计算方法比较滞留区内反应物气体扩散速率与气化反应速率之间的关系[199]。由以上结果可以发现，当气体流量超过临界值时，测定的反应速率不会增加，进而认为外扩散的影响被消除是一个常见的错误，因此在 TGA 实验中通常难以完全真正地消除外扩散对煤焦气化的影响。同时，为了保证实验结果的重复性和准确性，较多的样品堆积在坩埚中也必然引起床层内的颗粒间扩散和 CO 积累，这种扩散影响在

HTSM 中因极少样品的稀疏分布可以完全消除。

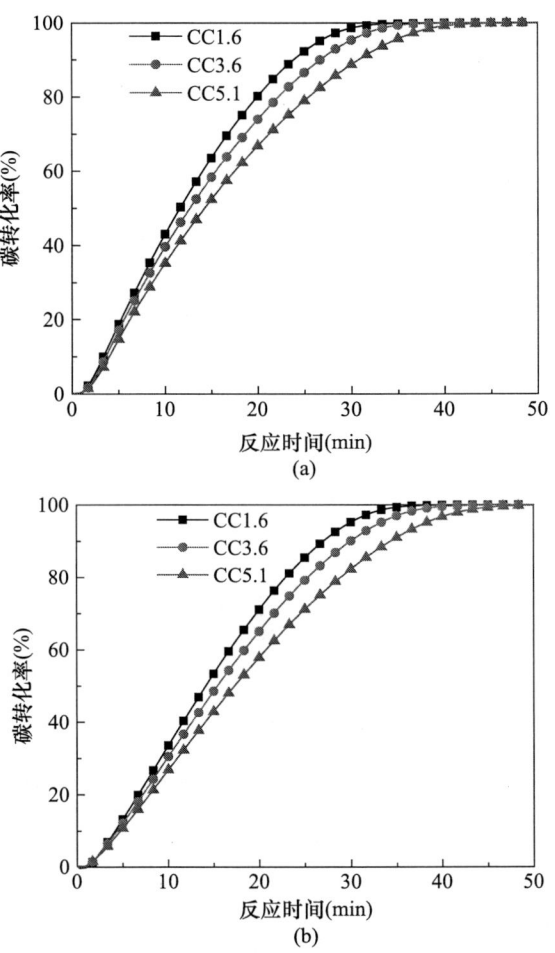

图 5-3 不同粒径煤焦在不同坩埚中的碳转化率和反应时间的关系
（a）44hcg；（b）308HCG

5.3.2 颗粒粒径和气化温度对煤焦气化反应特征的影响

5.3.2.1 在 TGA 中颗粒粒径和气化温度对煤焦气化反应特征的影响

如图 5-4 所示，相同的气化温度条件下，44μm 和 308μm 的 HCG 煤焦与 CO_2 反应的碳转化率和反应时间碳转化率与反应速率的变化呈现明显的差异，图 5-4（a）和图 5-4（c）主要展示了两种粒径的煤焦反应时间均随气化温度的升高而明显缩短，图 5-4（b）和图 5-4（d）揭示了整个反应过程中煤焦的瞬时反应速率在不断变化，且最大反应速率峰值对应的碳转化率基本呈现随气化温度升高而增大趋势，表明粒径对 HCG 煤焦的气化反应性有显著影响。因而选取了三个不同阶段对应的碳转化率下的反应性指标以更直观地反映颗粒粒径和气化温度对煤焦反应特征的影响。

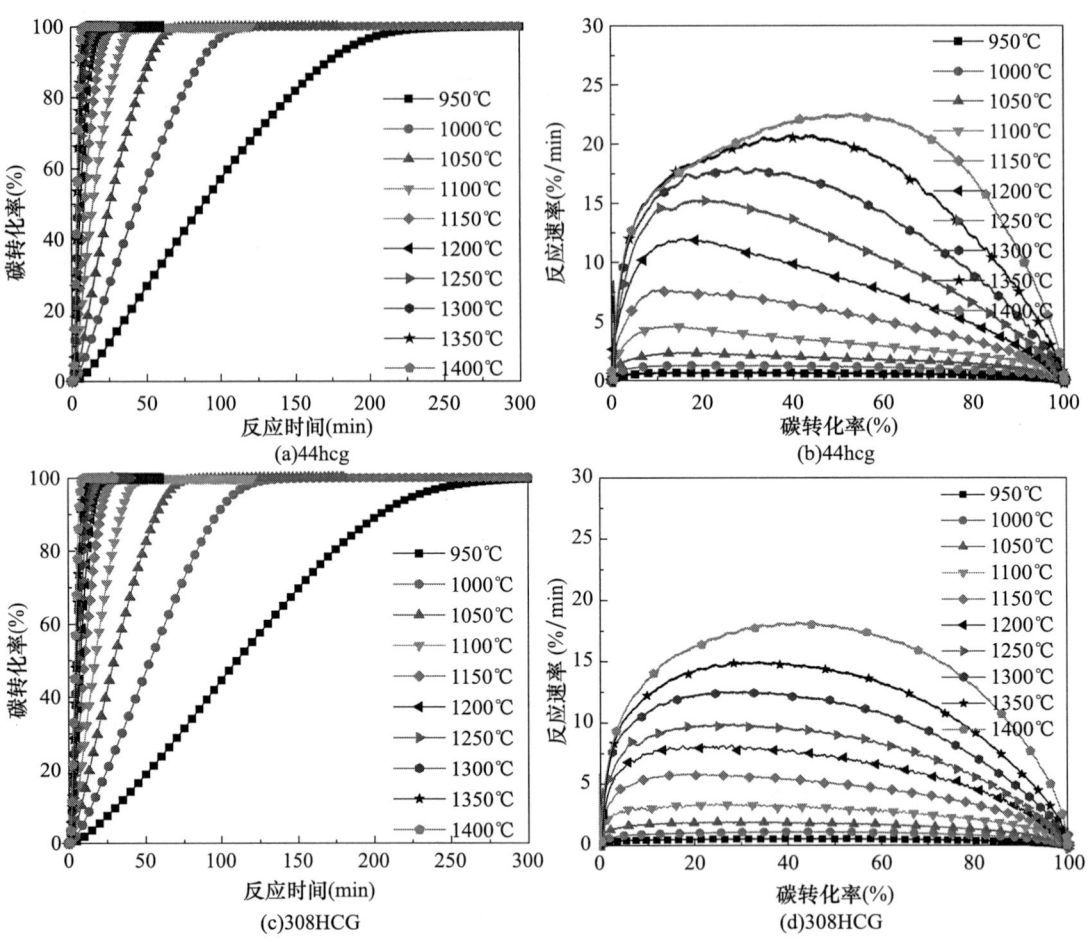

图 5-4 在 TGA 中不同粒径煤焦的碳转化率与反应时间 (a)(c) 和反应速率 (b)(d) 的关系

如图 5-5 所示，两种不同粒径煤焦的反应性指标均随气化温度的升高而显著增大，表明高温有助于提高煤焦的气化反应性。这是由于在温度升高的情况下，引起反应物中有效分子的碰撞数量显著增加，增加了活性位点数。此外，煤焦与 CO_2 气化属于典型的吸热反应，温度的提升有利于反应性的增加。另外，同一气化温度时，小颗粒煤焦的反应性指标均大于大颗粒的，但这种差异在温度较高情况下更明显。例如，在 950℃ 时，44hcg 的反应性指数 $R_{0.5}$ 为 $0.0057 min^{-1}$，略大于 308HCG 的 $0.00454 min^{-1}$，而在 1150℃ 下，44hcg 的反应性指数 $R_{0.5}$ 为 $0.0579 min^{-1}$，远大于 308HCG 的 $0.0479 min^{-1}$，说明随着煤焦粒径的增大，导致颗粒内部的传质阻力增加，内扩散的影响增加，因而导致了反应速率的减慢。更高温度时，反应速率的加快，将增大内扩散的影响，此结果与 Huo 等[64]研究结论一致。

5.3.2.2 在 HTSM 中颗粒粒径和气化温度对煤焦气化反应特征的影响

目前，利用 TGA 研究颗粒粒径和气化温度对煤焦反应性的影响已有如上述普遍性的规律，但上述外扩散和床层扩散的影响结果表明 TGA 中所用坩埚尺寸无统一标准的特点可能引起许多研究者的实验结果差异，且 TGA 装置的不透明缺陷增加了研究者分析气化反应过程的难度。为了进一步探究气化反应过程和机理，本章使用高温热台显微镜进行气化实验。

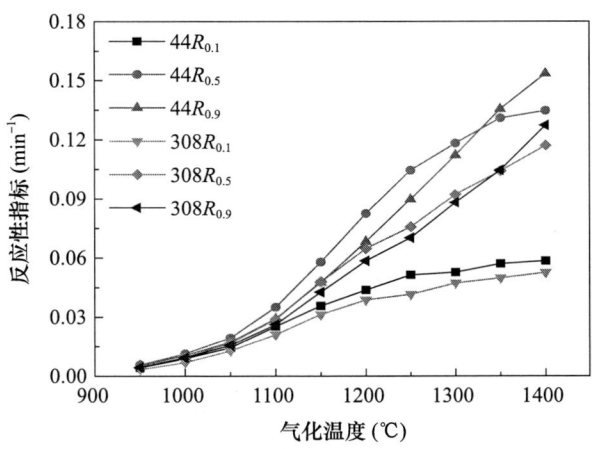

图 5-5 在 TGA 中不同气化温度下不同煤焦的各阶段的反应性指标

如图 5-6 和图 5-7 所示，不同气化温度条件下，随气化反应的进行，不同粒径的 HCG 煤焦颗粒的尺寸（面积）均逐渐减小并最终保持基本不变，同时颗粒的颜色逐渐变浅至不再变化，且在气化过程中颗粒内部呈现出不同程度的破碎和孔洞生成。这表明煤焦颗粒中的碳骨架在不断消耗，但颗粒中所含的内在矿物质残留在碳基质上，因而在最终反应结束时有所剩余却并不会消失，这与 Ding 等[192]利用原位热台显微镜发现的颗粒在气化过程中由收缩颗粒模式（颗粒尺寸减小）向收缩芯模式（尺寸基本不变）转变是一致的。同时，也与 TGA 实验中随气化反应的进行，煤焦的质量不断减小至不再变化的规律是完全相符的。HTSM 呈现的颗粒破碎和孔洞情况则体现了其可视化的优势，煤在热解过程中生成大量的胶质体，具有黏结性和结焦性，导致制备的煤焦成块状，生成的胶质状物质在气化时由于位于颗粒表面和孔隙结构外围，所以最先被消耗，这种不同部位消耗速率的显著性差异和煤焦颗粒的大孔孔隙发展至此反应条件下的临界值的共同作用，导致颗粒破碎和孔洞的出现。此外，尽管气化反应温度未达到 HCG 煤灰的变形温度 1206℃，但随反应进行到一定程度，小粒径煤焦在气化温度为 1100℃时出现熔融的现象，而大粒径煤焦的熔融出现在气化温度为 1150℃时。

为了更清晰地展示颗粒熔融的过程，利用 SEM 观察在气化温度为 1150℃下制备的不同碳转化率小粒径煤焦的形貌。如图 5-8 所示，随气化反应的进行，煤焦表面变得粗糙并伴随着局部位置熔融状小球的出现。在更高的碳转化率时，气化残焦因颗粒熔融又逐渐光滑，证实了 HTSM 中观察的熔融结果。由于大量碳基质存于煤焦中时，内在矿物质是分散于碳基质部位的，因而掩盖了灰基质的形貌。当碳基质消耗到一定程度，颗粒尺寸逐渐减小，导致矿物质之间的距离减小但煤焦中矿物质的百分比含量不断增加，因此导致气化残焦在高温下发生烧结，出现类似熔融的现象。另外，矿物质中包含着不同类型的物质和非均匀分布，因此在局部分布有熔点低的矿物质种类，导致气化至一定程度时，熔融现象开始发生。另外，煤焦与 CO_2 的气化反应是吸热的，这导致小颗粒的温度略高于大颗粒。因此，为了进一步分析高温煤焦的气化特性，对其进行了定量计算。

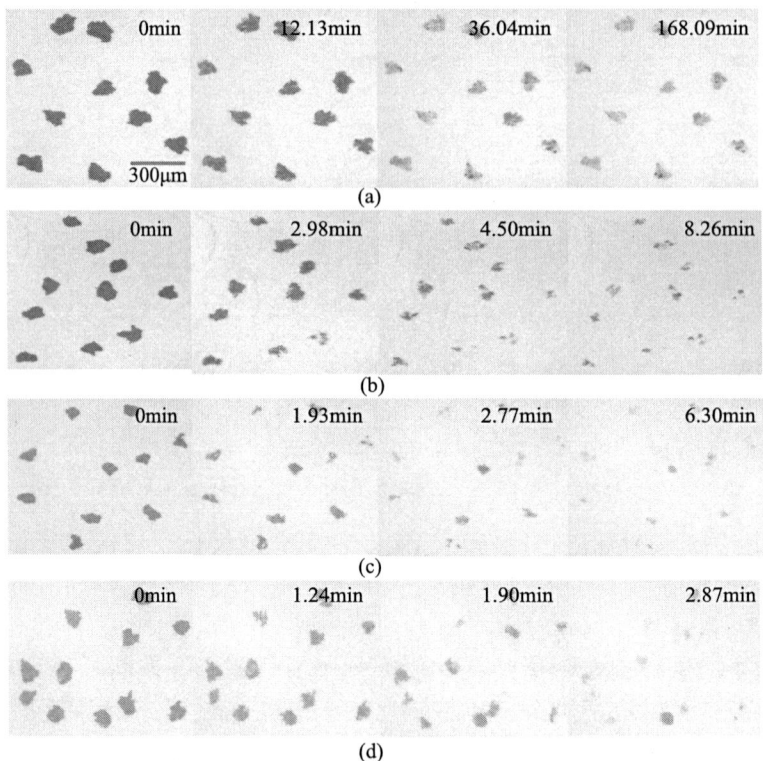

图 5-6 44hcg 煤焦在气化过程中的形貌变化
（a）950℃；（b）1100℃；（c）1150℃；（d）1200℃

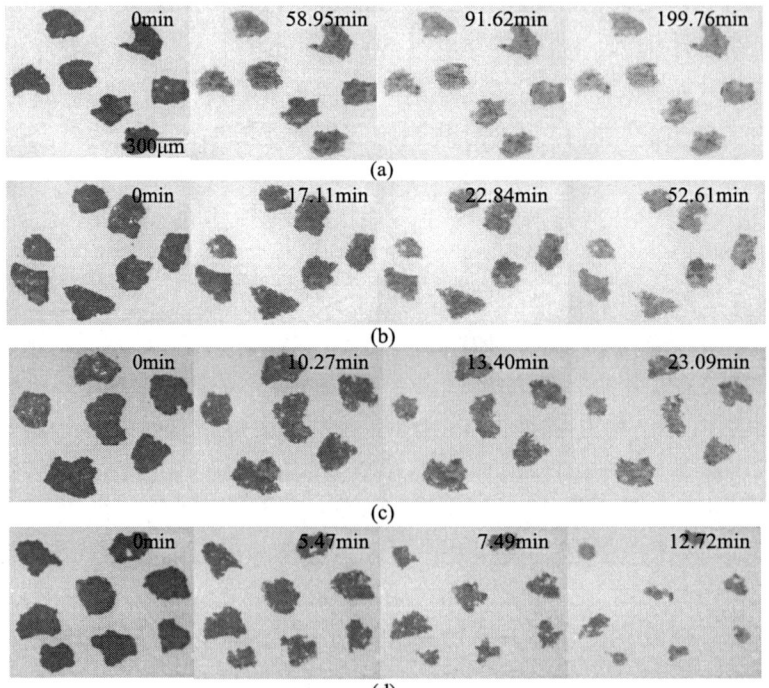

图 5-7 308HCG 煤焦在气化过程中的形貌变化
（a）950℃；（b）1050℃；（c）1100℃；（d）1150℃

图 5-8　不同碳转化率下小粒径煤焦在气化温度 1150℃下的 SEM 图像

图 5-9 和图 5-10 分别显示了不同粒径煤焦在不同气化温度时颗粒面积、收缩率和碳转化率与反应时间以及碳转化率与反应速率的变化曲线。由图可见，在 HTSM 中粒径减小和气化温度升高有利于提高气化反应速率的规律与在 TGA 中的气化结果是一致的。但是，在相同气化温度时，小颗粒和大颗粒煤焦的反应性差异远大于在 TGA 中的结果。例如，在气化温度为 950℃时，44hcg 的反应性指数 $R_{0.5}$ 为 0.0318min^{-1}，远大于 308HCG 的 0.00767min^{-1}；气化温度为 1150℃时，44hcg 的反应性指数 $R_{0.5}$ 为 0.2319min^{-1}，远大于 308HCG 的 0.0837min^{-1}。此外，在相同气化条件下，煤焦颗粒在 HTSM 中呈稀疏单颗粒状分布且颗粒间距较大，而在 TGA 实验中，煤焦颗粒在坩埚中是呈致密堆积状态，导致 TGA 实验的气化产物（即 CO 气体）浓度远高于 HTSM 实验的，而积累的 CO 越高会降低颗粒反应体系中的 CO_2 浓度，进而延缓反应速率，因此 HTSM 中测得的煤焦气化反应性指数远大于在 TGA 中的，尤其在小颗粒煤焦间的差异更大。

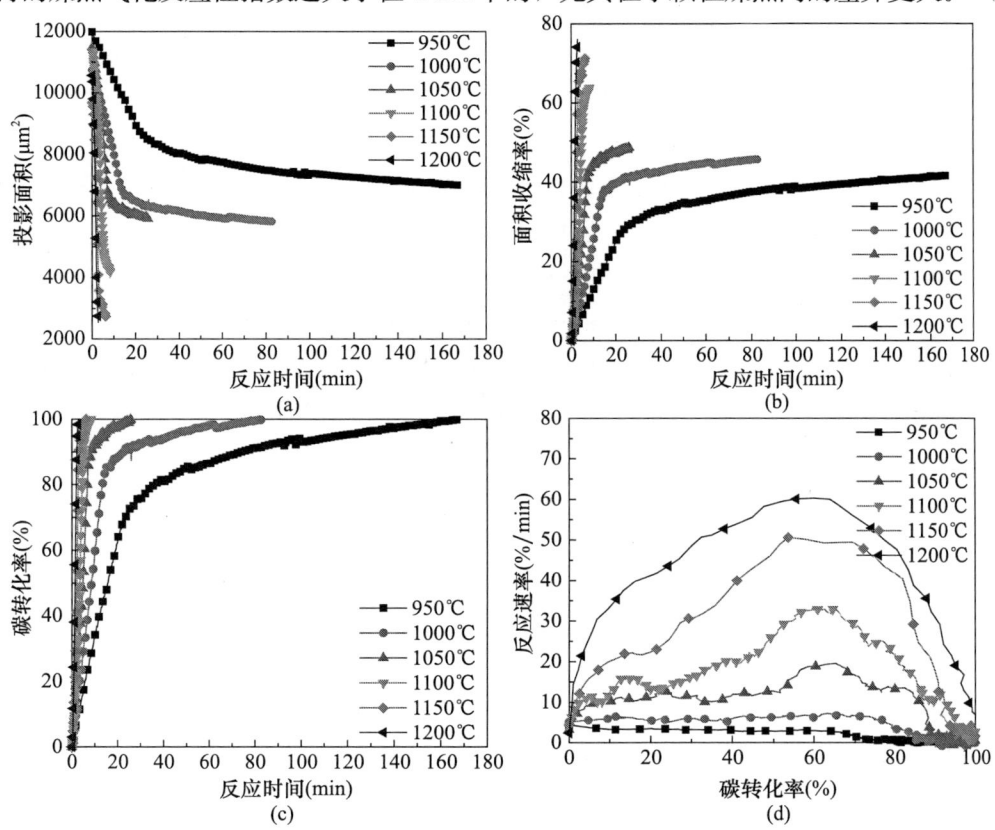

图 5-9　不同气化温度下 44hcg 的投影面积（a）、面积收缩率（b）和碳转化率（c）随时间的变化和碳转化率与反应速率（d）的关系

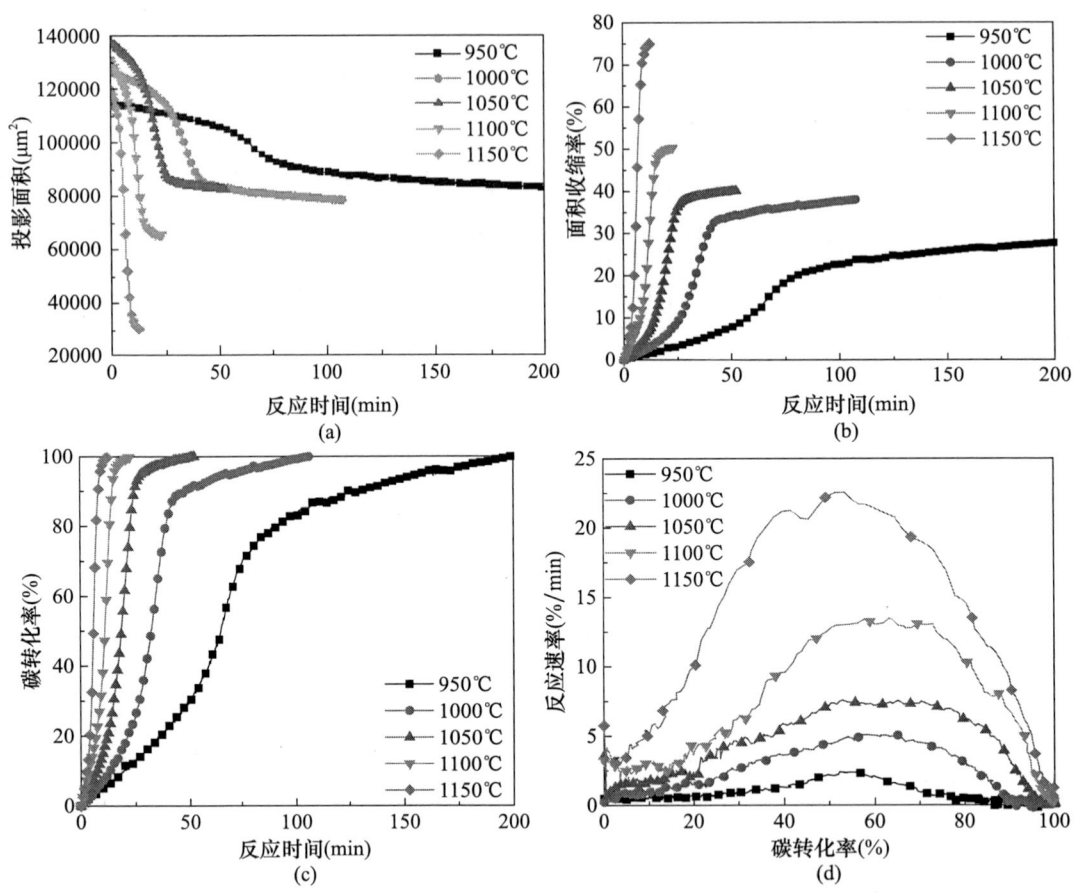

图 5-10 不同气化温度下 308HCG 的投影面积（a）、面积收缩率（b）
和碳转化率（c）随时间的变化和碳转化率与反应速率（d）的关系

为了直观反映不同气化条件下煤焦反应速率的差异，图 5-11 给出了反应性指数差（$\Delta R_{0.5}$）。结果表明，颗粒尺寸对反应活性的影响在 HTSM 实验中比在 TGA 实验中更显著，而 TGA 实验的 $\Delta R_{0.5}$ 较低，这可能是由于 HTSM 实验完全消除了床层内的外扩散和颗粒间扩散。对于 44hcg 煤焦，HTSM 测定的反应速率显著高于热重分析的。相比之下，在相同的气化条件下，HTSM 和 TGA 测得的 308hCG 的 $\Delta R_{0.5}$ 较小。一方面是由于反应速率较快的样品，在利用 TGA（未真正消除外扩散的情况）气化的过程中，坩埚内 CO 积累较多，对反应速率的降低效果显著；另一方面，可能是由于大颗粒样品堆积在坩埚中，颗粒间的接触紧密程度低于小颗粒，因而床层扩散对反应速率的影响大幅降低。同时，在考虑外扩散的情况下，（$\Delta R_{0.5E}$）与气化温度的关系可以很好地用幂指函数拟合 $\Delta R_{0.5E}=0.00012\exp(T/154.7)-0.027$，$R^2=0.9821$，外扩散和内扩散共存时的拟合反应性指数差（$\Delta R_{0.5E+I}$）可由 $\Delta R_{0.5E+I}=4.34\times10^{-11}\exp(T/56.3)-0.003$ 的函数得到，该函数可用于预测外扩散和内扩散的影响。

作为在 HTSM 实验结果中另一个主要的气化反应特征指标，收缩率呈现出显著的差异：气化温度在 950～1200℃ 范围内，随温度的升高，小粒径颗粒的收缩率由 41.69% 逐渐升高到 75.96%，而大粒径颗粒的收缩率则由 27.69% 逐渐升高到 75.82%。

在同一气化温度下，小颗粒的收缩率基本均大于大颗粒的。通过 TGA 的质量变化数据却呈现出小粒径煤焦的剩余灰分的质量均大于大颗粒的，与 Ding 等[193]认为的灰分含量的高低决定了收缩率的差异不相符。同时，相同粒径的煤焦所含灰分可认为是基本一致的，但是气化温度的升高却引起了煤焦颗粒的收缩率有较大区别。因此，气化过程中煤焦颗粒的收缩率主要由内部灰分和烧结决定，在灰分相差不大的情况下，烧结占主导地位。

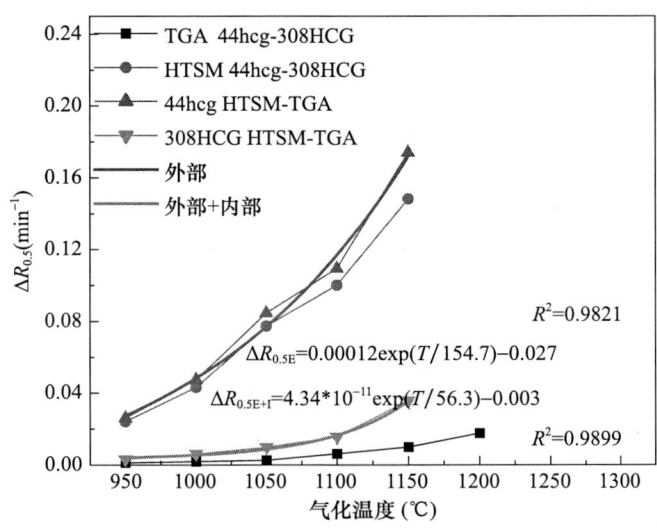

图 5-11　不同气化条件下煤焦的反应指数差

5.3.3　模型拟合法所得反应动力学参数的区别

在众多的煤气化反应的动力学模型中，均相模型、收缩未反应芯模型、修正体积模型和随机孔模型等应用广泛，其相关描述详见 1.5.1。由于气化实验是在较高温度下进行的，最大反应速率对应的碳转化率的位置出现在碳转化率大于 0.393 时，因而应用均相模型、收缩未反应芯模型和修正体积模型三种模型进行拟合。

5.3.3.1　在 TGA 中模型拟合法所得反应动力学参数

如图 5-12 所示，以在 TGA 中小粒径煤焦颗粒在气化温度为 1000℃时的实验数据和利用三个反应模型拟合结果为例，均相模型和收缩未反应芯模型的拟合结果与实验数据有很大的偏差，而修正体积模型在模拟该实验条件下的整个气化反应过程时表现出了较好的拟合结果，相关系数高达 0.9956。结合表 5-1，在 TGA 中不同粒径的煤焦在气化温度为 950～1400℃范围内，均表现出 VM 的拟合相关系数极低（0.8275～0.9503），尽管 URCM 在同一气化条件下的相关系数（0.8765～0.9845）稍高于 VM，但依然不能作为描述整个气化反应过程中碳转化率和时间关系的最好选择。MVM 在此实验条件下的拟合效果远优于 VM 和 URCM，相关系数在 0.9956～0.9998 范围，因此，可以认为 MVM 很好地描述了煤焦在 TGA 中的整个气化反应过程。

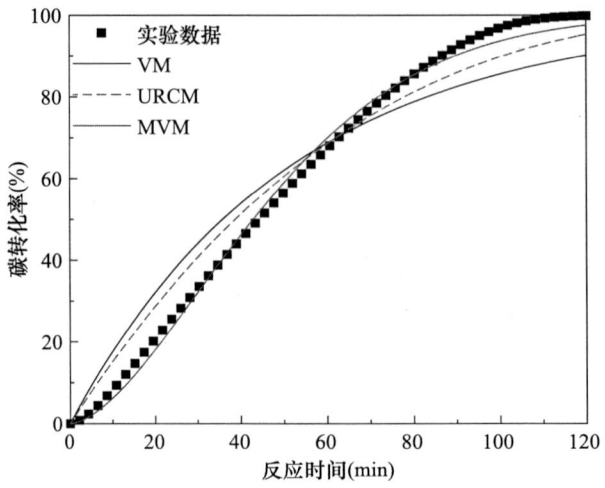

图 5-12 在 TGA 中在气化温度 1000℃下焦样的实验数据和用三个反应模型拟合结果

表 5-1 不同粒径煤焦在 TGA 中利用三种模型所得反应速率常数和相关系数

样品	温度(℃)	VM		MVM			URCM	
		k_{VM}	R^2	a	b	R^2	k_{URCM}	R^2
44hcg	950	0.00987	0.9329	0.00048	1.63572	0.9968	0.00805	0.9728
	1000	0.01934	0.9296	0.00151	1.63115	0.9956	0.01599	0.9697
	1050	0.03292	0.9365	0.00404	1.59422	0.9961	0.02704	0.9749
	1100	0.05849	0.9503	0.01254	1.51393	0.9973	0.04729	0.9845
	1150	0.0954	0.9484	0.02377	1.55663	0.9991	0.07708	0.9815
	1200	0.1357	0.9432	0.0358	1.62313	0.9988	0.10942	0.9761
	1250	0.17385	0.9321	0.04414	1.72996	0.9987	0.14059	0.9677
	1300	0.20069	0.8958	0.03675	2.00674	0.9988	0.1656	0.9394
	1350	0.21873	0.8562	0.0336	2.24556	0.9995	0.18673	0.9024
	1400	0.23177	0.8275	0.02589	2.52242	0.9995	0.19932	0.8765
308HCG	950	0.00799	0.9166	0.00018	1.76667	0.9973	0.00657	0.9599
	1000	0.01666	0.9145	0.00063	1.77689	0.9965	0.01372	0.9584
	1050	0.02941	0.9291	0.00246	1.67634	0.9967	0.02402	0.9702
	1100	0.04938	0.9313	0.00646	1.65066	0.9973	0.04055	0.9712
	1150	0.08166	0.9352	0.01457	1.65265	0.9989	0.06648	0.9736
	1200	0.11043	0.9284	0.02072	1.7185	0.9995	0.09011	0.9679
	1250	0.13104	0.9237	0.02277	1.80784	0.9998	0.1063	0.9633
	1300	0.16037	0.9090	0.02696	1.91676	0.9997	0.13114	0.9519
	1350	0.17779	0.8796	0.02638	2.07857	0.9996	0.1494	0.9257
	1400	0.19816	0.8434	0.02316	2.34459	0.9994	0.17013	0.8911

根据三种模型拟合所得不同气化温度时的反应速率常数，利用 Arrhenius 方程，通过将相应的 $\ln k$ 和 $1/T$ 进行线性拟合作图，获得截距 $\ln k_0$ 和斜率 $-E_a/R$，最终得到煤焦的反应活化能 E_a 和指前因子 k_0。图 5-13 为 950~1400℃气化温度范围内在 TGA 中不同粒径煤焦的 Arrhenius 图。随气化温度的升高，反应速率常数逐渐增大，同时，粒径的减小也增大了速率常数。三种模型在整个气化温度范围内拟合时均因出现明显的偏转而被分成两个不同的温度段，小粒径煤焦在 950~1200℃和 1250~1400℃范围内均表现出了较好的线性相关性，大粒径煤焦在 950~1150℃和 1200~1400℃范围内同样呈现出很好的拟合结果。这种转折点的出现通常被认为是随着气化温度升高到某一阈值，导致该煤焦的反应控制机制由化学反应控制区域开始转变为内扩散控制区域，而相对于大颗粒样品，较小的粒径通常表现出较弱的内扩散影响，因而出现转折温度升高的现象。小粒径煤焦在所研究的温度范围内，利用 VM 拟合所得两个温度段下的活化能分别是 158.64kJ/mol 和 40.41kJ/mol，URCM 所得活化能分别是 157.45kJ/mol 和 49.7kJ/mol，MVM 所得活化能分别是 156.15kJ/mol 和 103.63kJ/mol。与此相比，大粒径煤焦在所研究的温度范围内，VM 拟合所得两个温度段下的活化能分别是 166.4kJ/mol 和 60.68kJ/mol，URCM 所得活化能分别是 165.74kJ/mol 和 66.19kJ/mol，MVM 所得活化能分别是 160.53kJ/mol 和 98.74kJ/mol，三种模型活化能结果均反映了反应控制机制的转变，且在较高温度下内扩散的控制导致了活化能的降低。综合考虑上述采用不同模型对整个过程的拟合效果，MVM 获得的动力学参数更有参考价值。显然，在 TGA 中，利用 MVM 获得的大粒径颗粒的活化能在较低温度范围内略高于小粒径的，而在较高温度范围内反而低于小粒径的。

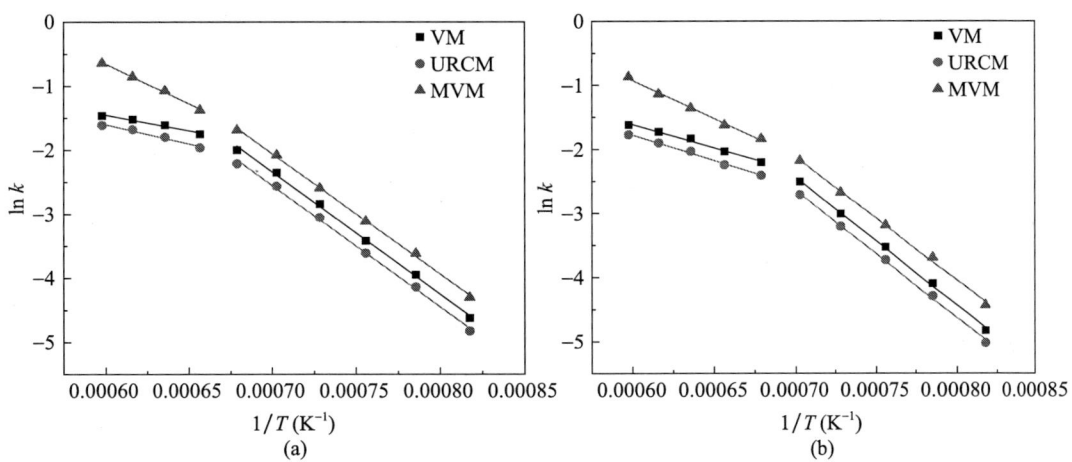

图 5-13 在 TGA 中不同粒径煤焦的 Arrhenius 图 (a) 44hcg；(b) 308HCG

5.3.3.2 在 HTSM 中模型拟合法所得反应动力学参数

表 5-2 给出了不同粒径煤焦在 HTSM 中利用三种模型所得反应速率常数和相关系数。与 TGA 中的拟合结果基本一致：均相模型拟合效果最差，收缩未反应芯模型的拟合相关系数高于均相模型，而修正体积模型的拟合效果最好（0.9786~0.9973）。根据可视化的 HTSM 气化反应现象可以看出，煤焦颗粒并未按照 VM 和 URCM 中假设的

气化过程进行反应，由于煤焦结构的复杂性，在此实验条件下，MVM 相对更符合气化反应现象。

表 5-2 不同粒径煤焦在 HTSM 中利用三种模型所得反应速率常数和相关系数

样品	温度（℃）	VM		MVM			URCM	
		k_{VM}	R^2	a	b	R^2	k_{URCM}	R^2
44hcg	950	0.0412	0.9648	0.07783	0.80936	0.9791	0.02675	0.8489
	1000	0.09337	0.9742	0.05806	1.1939	0.9786	0.05559	0.8606
	1050	0.19006	0.9464	0.05057	1.74869	0.9911	0.15239	0.9672
	1100	0.27554	0.8631	0.04696	2.29959	0.9936	0.2306	0.9122
	1150	0.43957	0.8749	0.11813	2.47051	0.9941	0.36233	0.9186
	1200	0.63157	0.8497	0.34628	2.35626	0.9973	0.54275	0.8958
308HCG	950	0.01364	0.9063	0.00025	1.91685	0.9890	0.01118	0.9437
	1000	0.02897	0.8621	0.00003	2.92388	0.9888	0.02372	0.9033
	1050	0.05204	0.8331	0.00008	3.12907	0.9943	0.04305	0.8824
	1100	0.08506	0.7907	0.00043	3.13185	0.9881	0.07277	0.8429
	1150	0.1519	0.7857	0.00201	3.30613	0.9970	0.13047	0.8373

为了获得不同模型的动力学参数，在 HTSM 中不同粒径煤焦的 Arrhenius 曲线如图 5-14 所示，三种模型同样呈现出较好的线性相关性。对于小粒径煤焦，VM 拟合所得活化能是 160.5kJ/mol，URCM 所得活化能是 181.5kJ/mol，MVM 所得活化能是 212.75kJ/mol；大粒径煤焦利用 VM、URCM 和 MVM 拟合所得活化能分别是 171.01kJ/mol、174.95kJ/mol 和 209.3kJ/mol。根据更准确的 MVM 可以发现，在 HTSM 中测得小粒径煤焦的活化能略高于大颗粒的。

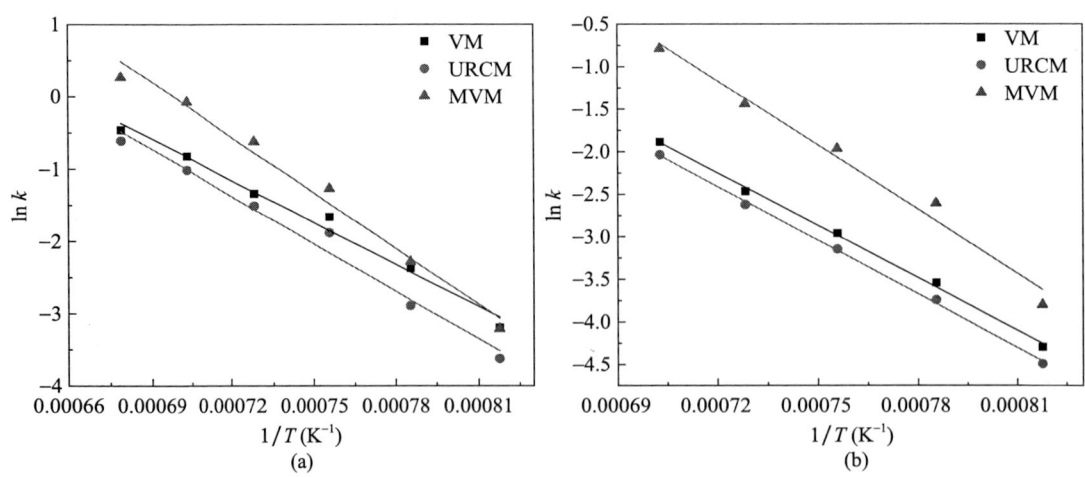

图 5-14 在 HTSM 中不同粒径煤焦的 Arrhenius 图 （a）44hcg；（b）308HCG

5.3.4 等转化率法所得反应动力学参数的区别

在第 3 章中已全面认识了在气化过程中煤焦结构是在不断变化的，并使用了等转化率法计算不同碳转化率下的活化能，对反应机理有较深入的认识。再结合本章不同气化反应模型所提供的动力学参数分析，不同模型所得活化能结果有较大差异，因而模型选择的不同将直接导致对反应机理的理解有很大差异，进而会影响动力学参数的准确性。在利用模型法求反应动力学参数时，国际热分析及量热学学会（ICTAC）已明确提出，仅通过统计学标准（即线性相关系数）的高低来选择模型可能不能反映真实和正确的机理函数，ICTAC 建议利用不考虑反应机理函数选择的等转化率法求得活化能随碳转化率变化的趋势，以避免模型选择不当引起活化能结果的不准确，本章同样利用等转化率法计算活化能，以验证上述所选反应模型的准确性并对整个 HCG 煤焦气化反应过程和机理进行深入分析。

5.3.4.1 在 TGA 中等转化率法所得反应动力学参数

如图 5-15 所示，与在 TGA 中利用模型拟合时情况相同，等转化率法在拟合时同样更适合将 950~1400℃气化温度分为两个温度段，进而得出在 TGA 中不同粒径煤焦在不同碳转化率下 $\ln t$ 和 $1/T$ 呈现出良好的线性相关性。根据其拟合直线的斜率分别获得图 5-16 所示的活化能随碳转化率的变化。

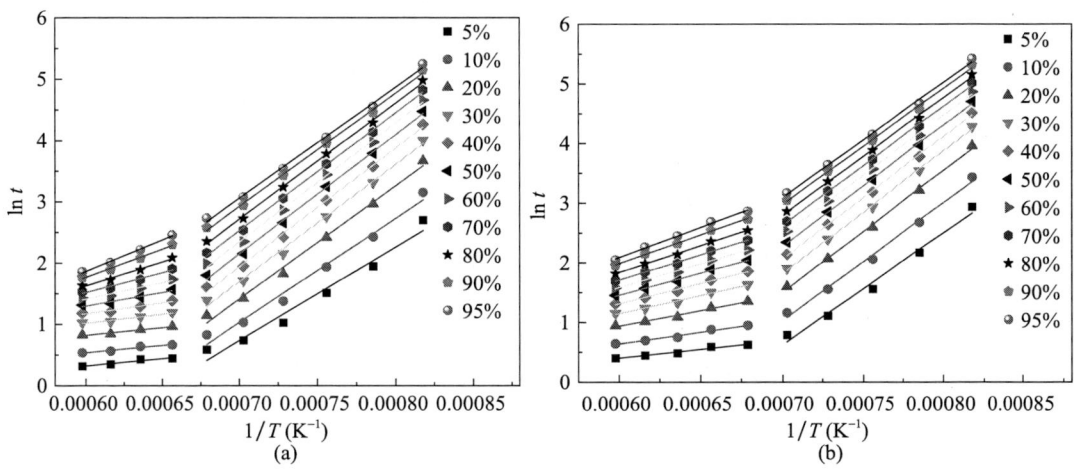

图 5-15　在 TGA 中不同粒径煤焦在不同碳转化率下 $\ln t$ 和 $1/T$ 的关系
(a) 44hcg；(b) 308HCG

由图 5-16 可知，在 TGA 中不同粒径煤焦在气化过程中的活化能随碳转化率的变化有很大差异。小粒径煤焦在气化温度 950~1200℃范围内反应活化能随碳转化率的增加呈现出先增加（127~161.87kJ/mol）后降低（161.87~150.81kJ/mol）的趋势，在碳转化率为 50%时达到最大，相应的平均活化能为 153.43kJ/mol。在气化温度 1250~1400℃范围内反应活化能随碳转化率的增加而逐渐增大（19.68~85.08kJ/mol），平均活化能 E_{ave} 为 43.27kJ/mol。大粒径煤焦在气化温度 950~1150℃范围内反应活化能随碳转化率的增加同样呈现出先增加（156.08~171.23kJ/mol）后降低（171.23~160.84kJ/mol）的趋势，在碳转化率为 30%时达到最大，相应的平均活化能 E_{ave} 为 165.65kJ/mol。在气化温度 1200~1400℃范围内反应活化能随碳转化率的增加而逐渐增大（24.41~83.99kJ/mol），平均活化能为 58.64kJ/mol。低温段活化能先升高后降低可能是由于容易发生反应的碳结构易先参与气化反应，因而初始反应活化能低，随气化反应的进行，易反应的碳消耗的比例较大，更多难反应的碳参与气化，需要断裂较强的键，气化反应需克服更高的能垒，进而使活化能升高。但与第 3 章中 PLQ 煤焦气化反应过程相比，HCG 煤焦中的矿物质催化活性可忽略，PLQ 煤焦中的矿物质在气化反应过程中由催化活性逐渐转变为灰层的阻碍作用在 HCG 煤焦气化中无法体现，而 HCG 煤焦在气化过程中破碎将使气体扩散阻力减小，进而可能导致活化能降低。这与 PLQ 煤焦在 TGA 气化过程中活化能逐渐增加有较大差异。高温段活化能随碳转化率增加逐渐升高可归因于高温下内扩散和外扩散及床层扩散效应显著增强，颗粒的不断熔融和碳微晶结构的有序化导致煤焦随反应的进行而难以反应，因而导致活化能的增加。这些结果还验证了修正体积模型在低温段所得小粒径煤焦的活化能是 156.15kJ/mol 和大粒径煤焦活化能是 160.53kJ/mol。在等转化率法所得活化能范围内，证明了在该实验条件下的 MVM 的有效性，而高温段小粒径煤焦的活化能是 103.63kJ/mol 和大粒径煤焦的活化能是 98.74kJ/mol，可能对应于等转化率法计算的更高碳转化率下的活化能。

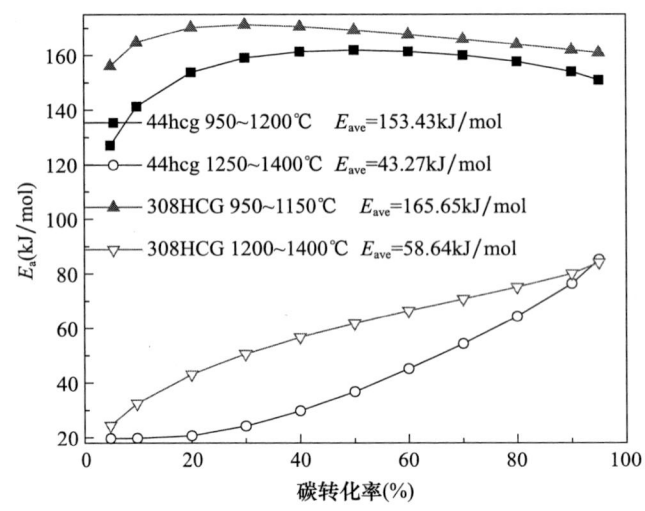

图 5-16　在 TGA 中不同粒径煤焦在气化过程中的活化能随碳转化率的变化

5.3.4.2　在 HTSM 中等转化率法所得反应动力学参数

图 5-17 给出了在低温段时，在 HTSM 中不同粒径煤焦在不同碳转化率下 $\ln t$ 和 $1/T$ 呈现出较好的线性关系，并且随碳转化率的增加，拟合直线的斜率发生显著的变化。

利用等转化率法计算所得活化能随碳转化率的变化，如图 5-18 所示。随碳转化率的增加，在 HTSM 中不同粒径煤焦在气化过程中的活化能均呈现逐渐增大的趋势。小粒径和大粒径煤焦的活化能分别是 77.16～238.02kJ/mol 和 143.15～207.41kJ/mol，相应的平均活化能分别是 145.84kJ/mol 和 169.64kJ/mol。通过 MVM 拟合所得活化能分别是 212.75kJ/mol 和 209.3kJ/mol，基本均在等转化率法计算范围内，证明了 MVM 在模拟 HTSM 气化实验结果时的有效性。

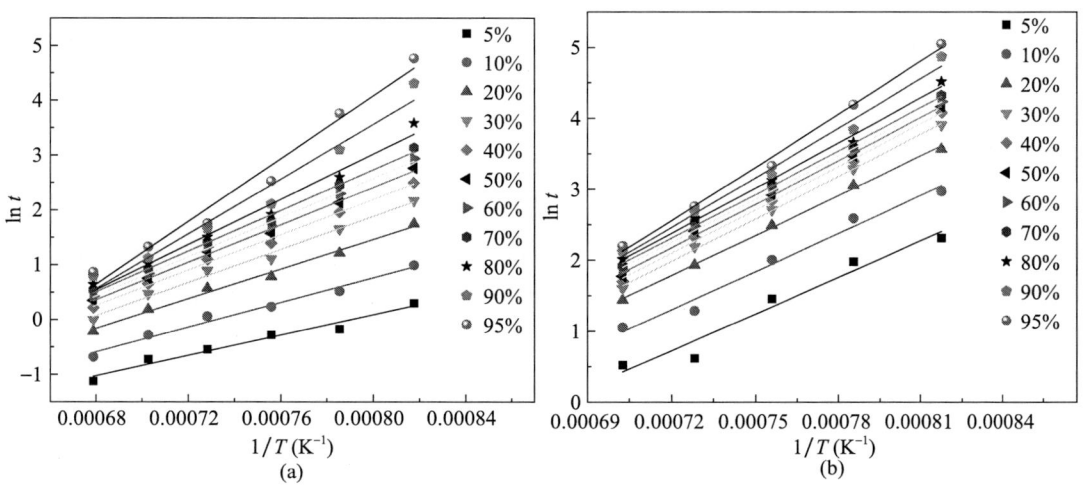

图 5-17 在 HTSM 中不同粒径煤焦在不同碳转化率下 $\ln t$ 和 $1/T$ 的关系
(a) 44hcg; (b) 308HCG

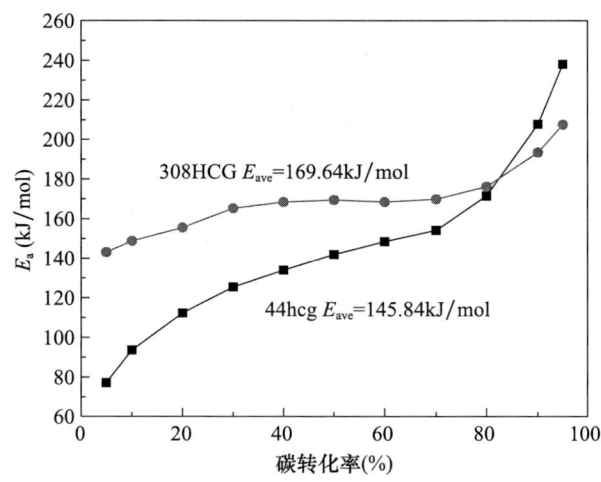

图 5-18 在 HTSM 中不同粒径煤焦在气化过程中的活化能随碳转化率的变化

由小粒径煤焦的活化能在低碳转化率时低于大粒径煤焦,而在高碳转化率时高于大粒径煤焦的规律分析,在不存在外扩散和床层扩散条件下的 HTSM 气化装置中,煤焦在气化过程中逐渐升高的石墨化度和增加的灰层阻力均会提高活化能,而小粒径煤焦在气化反应的初始阶段比大颗粒煤焦更容易反应,随着反应的进行,HTSM 揭示的烧结现象可以很好地解释小粒径煤焦更容易烧结形成致密的结构,反应的困难程度逐渐增大,在后期阶段小粒径煤焦烧结比大粒径煤焦更严重,因而导致了活化能在后期增加更明显。

5.3.5 内扩散对气化反应特性的影响

根据上述不同粒径煤焦在 TGA 和 HTSM 中气化反应性和动力学的分析,煤焦气化作为典型的气固反应，其整个反应过程和机理非常复杂。尤其是在 TGA 中常用的增大气体流量消除外扩散的方法并未真正达到完全消除外扩散的目的，同时考虑到许多研究者常选择的样品量往往导致在 TGA 中必然存在床层扩散现象，而在 HTSM 中极少的煤焦颗粒可以真正实现外扩散和床层扩散的消除，但较大的粒径却通常在较高温度下明显受到内扩散的影响。实际的工业气化炉常受到扩散的影响，如固定床中煤焦颗粒过大，将可能受到严重的内扩散，颗粒堆积也将引起显著的外扩散。流化床和气流床中颗粒处于流化状态，使得煤焦颗粒与气化剂接触良好，因而可忽略外扩散和床层扩散，但在颗粒增大或气化温度较高的条件下，内扩散的影响必须重视。因此本章对比了不同粒径在 TGA 和 HTSM 中内扩散的区别，详细分析了外扩散、床层扩散和内扩散对煤焦气化反应的影响。

5.3.5.1 在 TGA 中内扩散对气化反应特性的影响

在 TGA 中，为定量计算内扩散的阻力对气化反应的影响，需先获得本征反应速率方程。本章旨在揭示传统条件下的 TGA 气化和 HTSM 气化反应性测定结果的差异，因而将在较大气体流量和较小粒径下的气化条件下依然认为是消除了内外扩散的影响。从动力学模型和等转化率法的拟合结果分析，修正体积模型可以较好地描述整个气化反应过程，且小粒径煤焦在 950～1200℃ 范围内的 Arrhenius 图未出现偏转，因此可以将修正体积模型作为本征动力学方程，所以在 TGA 中的本征反应活化能可视为 156.15kJ/mol，指前因子为 65533.06min^{-1}。

图 5-19 为不同粒径煤焦在不同气化温度下的 Thiele 模数。由图 5-19 可知，相同气化温度下，308HCG 煤焦的 Thiele 模数远大于 44hcg 煤焦的，表明在相同温度下煤焦的 Thiele 模数随样品粒径的增大而增大；在相同粒径下，Thiele 模数随气化温度的升高而逐渐增大，但在较低温度范围内，上升幅度较小，而在较高温度下，曲线斜率增大，上升幅度显著增加。此外，大粒径煤焦的 Thiele 模数随温度升高，增加趋势更显著。Thiele 模数计算值表明粒径增加和温度升高均会使 CO_2 浓度在煤焦孔道中梯度差异增加，使内扩散阻力的影响显著增加。

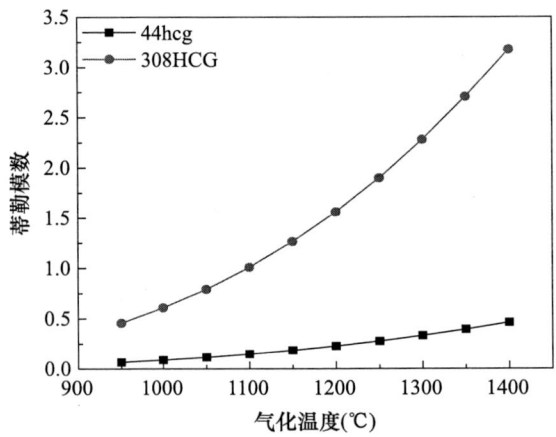

图 5-19 在 TGA 中不同粒径煤焦的 Thiele 模数计算值随气化温度的变化

图 5-20 中计算的效率因子随气化温度的升高而减小,同样反映了内扩散阻力随温度的升高而增大。但是大颗粒煤焦的内扩散效率因子实验值(η_{exp})在 0.794~0.927 范围内波动,与计算值相差较大,原因可能是此实验条件下煤焦在 TGA 中气化时,未能真正消除外扩散和床层扩散,因而在气化反应的初始阶段,外扩散和床层扩散决定了气化反应速率。等温气化条件下气体由 Ar 切换为 CO_2 后,炉膛中的 CO_2 浓度呈逐渐增大的趋势,在初始阶段偏低的 CO_2 浓度导致内扩散的阻力影响不显著,因而与计算式所要求的只存在内扩散条件不符,此时 η_{cal} 与 η_{exp} 之间的偏差较大。

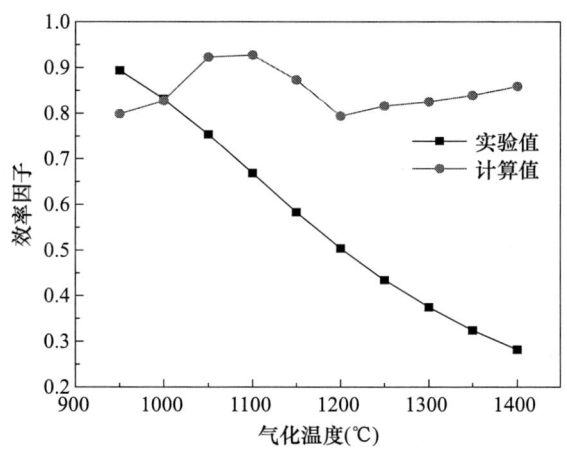

图 5-20　在 TGA 中大粒径煤焦的内扩散效率因子计算值及实验值随温度的变化

为对气化反应过程中内扩散效率因子的变化进行深入分析,图 5-21 给出了在不同气化温度下,大粒径煤焦的内扩散实验效率因子(η_{exp})和计算效率因子(η_{cal})随碳转化率变化的曲线。在 TGA 中,η_{exp} 和 η_{cal} 在整个气化反应过程中均是不断变化的。实验效率因子反映了在气化反应的初期阶段(碳转化率小于 10%),η_{exp} 呈现出逐渐减小的趋势,随着气化反应的持续进行,内扩散效率因子不断增加,而计算效率因子在整个反应过程中呈单调增加的变化趋势,这与 η_{exp} 的变化有很大差异,因而采用 η_{cal} 并不能准确地定量化内扩散对整个气化反应过程的影响。一方面归因于上述分析在此实验条件下存在着外扩散和床层扩散的影响,但在计算中并未考虑这两种扩散的影响,更未考虑到外扩散和床层扩散在气化过程中会因颗粒的减小和 CO 的积累而不断演变。另一方面,由于对部分参数采取近似处理,如颗粒的曲折因子和孔隙率不易测定而认为在整个过程中 ε/τ 始终为 0.1 等。此外,颗粒的粒径则选择使用原煤焦的平均粒径,但在实验中煤焦的粒径分布是不均匀,且在实际的气化过程中颗粒粒径逐渐减小的现象已在 HTSM 中证实。实际的气化反应过程中,煤焦的结构是不断演变的,如比表面积和孔隙率等都在改变,因此计算的内扩散效率因子与实验值偏差很大。在考虑整个气化过程时应综合考虑结构变化和其他扩散的影响,许多研究者提出了外扩散效率因子以预测反应速率[195,200],但定量结果有待进一步深入研究。

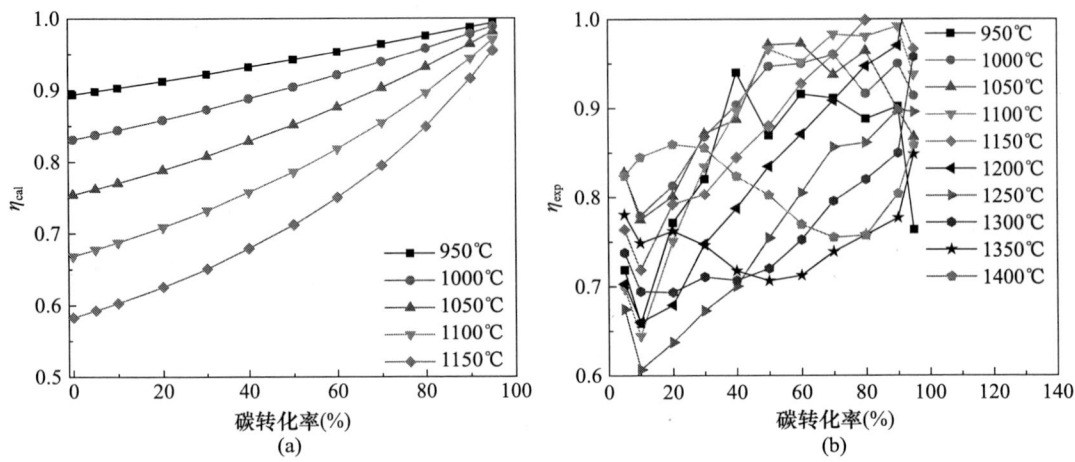

图 5-21 大粒径煤焦的内扩散效率因子随碳转化率的变化（a）计算值；(b）实验值

5.3.5.2 在 HTSM 中内扩散对气化反应特性的影响

如图 5-22 所示，在 HTSM 中大粒径煤焦的内扩散效率因子计算值随温度的变化逐渐降低的规律，与 TGA 中计算值一致。通过对比 Thiele 模数计算的不同粒径煤焦在 TGA 和 HTSM 中的内扩散效率因子，可以发现在煤焦粒径和气化温度相同的条件下，HTSM 的 η_{cal} 均小于 TGA 的结果，表明在相同的气化条件下，与 TGA 气化实验相比，在 HTSM 中测得的内扩散阻力更为显著。从计算公式角度分析，在相同气化温度下同一样品的密度和分子扩散等参数均相同，仅选择的颗粒粒径近似值在 HTSM 气化计算中略大于 TGA，因此，可将 η_{cal} 的显著差异归因于在 HTSM 中测得的本征反应速率远高于 TGA 的，本质上是 TGA 中存在显著的外扩散和床层扩散，所以减小了实际内扩散阻力测定值的结果，导致在 TGA 中测得的内扩散效率因子偏高，在 HTSM 中的 η_{exp} 远小于 TGA 结果也证实了此结论。但是在 HTSM 中大粒径煤焦的内扩散效率因子计算值和实验值依然有差异，这可能是由于在 HTSM 中选择的小颗粒粒径依然偏大，使测得的本征速率低于煤焦真正的本征反应速率。

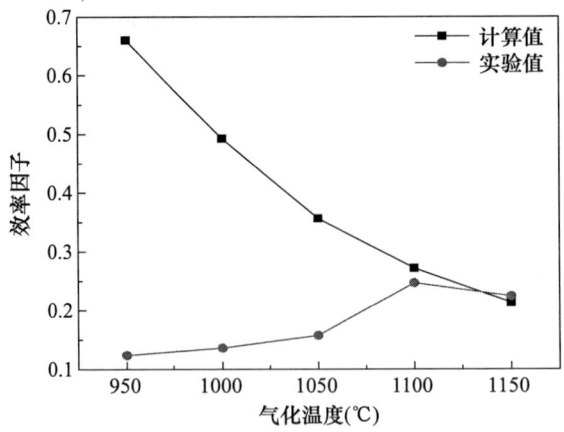

图 5-22 在 HTSM 中大粒径煤焦的内扩散效率因子计算值及实验值随温度的变化

图 5-23 为在 HTSM 中大粒径煤焦的内扩散效率因子计算值和实验值随碳转化率的变化。随碳转化率的增加，HTSM 的 η_{cal} 增大，与 TGA 一致，而增长率低于 TGA 的结果，这是因为 HTSM 可以实时反映煤焦直径的变化，因此计算时采用实时的直径更接近实际的气化反应过程。但是，在 HTSM 中 η_{cal} 和 η_{exp} 存在较明显的差异，不仅是受本征反应速率值的影响，而且与煤焦颗粒在气化过程中自身烧结导致的颗粒收缩有关。总之，外扩散对反应效率因子的影响超出了我们的想象，热重分析中的传质问题更应引起关注。无可否认，各类反应体系都能提供有价值的信息，基础研究仪器的选择应更贴近实际气化过程，才能有更准确的指导意义。因此，在今后的实验操作范围内，利用小颗粒的气化特性可以获得更可靠的本征反应性。

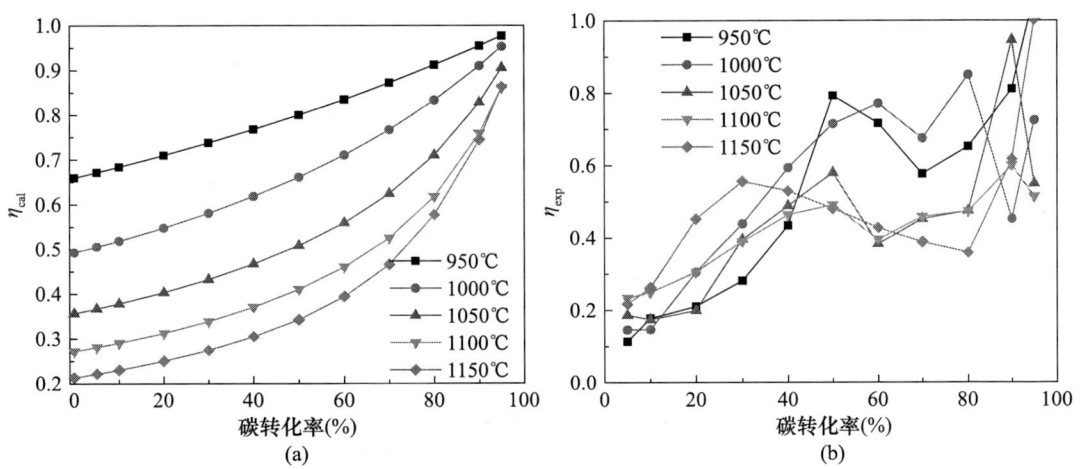

图 5-23 在 HTSM 中大粒径煤焦的内扩散效率因子随碳转化率的变化
(a) 计算值；(b) 实验值

5.4 本章小结

针对传统 TGA 气化实验不能完全消除外扩散和床层扩散以及装置不透明的缺点，利用 HTSM 对等温气化条件下的煤焦气化特性进行了重新评价。系统分析了 HCG 煤焦粒度和气化温度对气化反应性和动力学的影响，比较了 TGA 和 HTSM 测定的气化反应性和动力学的差异，分析了内扩散、外扩散和床层扩散在不同仪器中的区别。主要结论如下：

(1) 等温气化条件下，当煤焦中的灰分含量相差较少时，烧结决定煤焦颗粒的收缩率，不同粒径颗粒的收缩率均随气化温度的升高而增大，且在相同气化温度下小粒径煤焦的收缩率高于大颗粒煤焦的。

(2) 相同气化条件时，在 TGA 和 HTSM 中小粒径煤焦的反应性高于大粒径煤焦的，说明内扩散的影响降低了煤焦的反应速率。此外，TGA 中不能真正消除外扩散和床层扩散，导致生成物 CO 积累；在煤焦粒径相同时，由于 HTSM 中气化的煤焦颗粒很少，因此可以认为外部扩散和床层扩散已经完全消除，在 HTSM 中测得的反应性远高于在 TGA 中的测量值。

（3）在 TGA 和 HTSM 中，修正体积模型描述不同粒径煤焦的整个气化反应过程的效果均远优于收缩未反应芯模型和均相模型，且在 TGA 中，小粒径煤焦的反应控制体制的转折温度范围为 1200~1250℃，而大粒径煤焦的转折温度范围为 1150~1200℃。小粒径颗粒在 TGA 中利用修正体积模型获得在不同气化温度段的活化能分别是 156.15kJ/mol 和 103.63kJ/mol，在 HTSM 中的活化能为 212.75kJ/mol；大粒径煤焦在 TGA 中利用修正体积模型获得在不同气化温度段的活化能分别是 160.53kJ/mol 和 98.74kJ/mol，在 HTSM 中的活化能为 209.3kJ/mol。等转化率法计算的活化能均验证了修正体积模型的有效性。

（4）煤焦在 TGA 和 HTSM 中的气化反应过程中内扩散效率因子计算值和实验值是不断变化的，且二者差异较大，这是由于颗粒尺寸在计算时采用的近似值和 ε/τ 的值通常假设为定值以及使用的本征反应速率并不是在真正消除内外扩散条件下测得的，极小的颗粒粒径有助于减小在 HTSM 中内扩散效率因子计算值和实验值的差异。在 TGA 中的实验内扩散效率因子高于 HTSM 中的，阐明了 TGA 中外扩散和床层扩散的影响减弱了测定的内扩散阻力影响程度。

第6章　非等温 TGA 和 HTSM 条件下升温速率对气化反应特性的影响

6.1　引言

正如第5章所述，近年来人们利用不同的装置，包括热重分析仪（TGA）、高温热台显微镜（HTSM）、固定床反应器（FFB）、流化床反应器（FBR）、气流床反应器（EBR）、丝网反应器（WM）和滴管炉反应器（DTR），对煤焦与 CO_2 反应的气化反应特性和机理进行了广泛的研究。在所有热分析仪中，TGA 通过连续准确监测样品的质量变化研究半焦样品的气化反应特性，被认为是最常见、最受欢迎和最具代表性的分析仪[65]。尽管 TGA 具有显著的优点，如高重复性、高效率和方便性，但主要缺点之一是样品在坩埚中的累积而导致的固定床特质，可能引起传热和传质效应。因此，TGA 实验的结果与气体流量和坩埚的几何形状密切相关[190]。不幸的是，正如本书所述，在大量研究中，对于坩埚的几何形状和气体流动没有统一的标准，表明由于反应系统的原因，对气化特性和机理的解释可能会产生误导。每种反应器体系均有其自身的优点和缺点，通过对不同仪器测得的反应特性进行比较研究，逐渐成为热门话题。根据文献报道，在 TGA、FBR、FFB 和 DTR 等四种不同的反应体系下进行了半焦的动力学研究，发现了化学控制和颗粒扩散控制可以代表真实的颗粒行为，而床层扩散控制和系统响应控制可以视为系统特征。此外，这四个反应体系的位置和程度随系统设置和操作条件的不同而差异显著[191]。Wang 等[132]研究发现，TGA 测定的煤焦特征反应温度高于微型流化床反应器（MFBR），而不同方法计算的反应动力学活化能在 TGA 中均低于 MFBR。因此认为包括气体扩散在内的传热传质限制在 TGA 中高于 MFBR 可能是造成差异的原因。此外，Mueller 等[201]在等温条件下使用 MFBR 和 TGA 证明了观察到的高挥发分燃料的反应活性和动力学取决于反应系统。显然，在第5章的 HTSM 实验中通过原位观察颗粒形态研究单颗粒半焦的气化行为，并且受反应器设计的影响极小，已在评价气化反应特性中展示了设备替代能力。文献中也已在等温条件下利用 HTSM 和 TGA 对 CO_2 的半焦气化进行了对比实验，发现 TGA 法测定的不同煤焦和石油焦的气化反应性指数低于 HTSM 法测定的气化反应性指数，这可能是由于 TGA 实验具有明显的扩散阻力[202]。同样，在第5章的研究发现，在 TGA 中突出的外扩散和床层扩散效应并没有真正消除，导致 TGA 中观察到的煤焦的反应性以及小颗粒和大颗粒之间的反应性差异低于 HTSM 的。因此，测定气化特性的反应体系差异可能为了解煤焦颗粒的真实反应行为提供新的见解。然而，仪器对非等温条件下气化反应特性测定结果的影响信息非常有限。

目前，等温法和非等温法是测量半焦气化反应特性常用的两种热分析方法。前者反映了半焦在特定温度下的整体反应活性，后者描述了整个气化反应过程中半焦随温度升高的变化趋势，阐明了气化特性与升温速率之间的关系[132]。与非等温法相比，由于数据处理过程简单，等温法的使用频率更高，但仅限于通过单次实验提供一定温度条件下的反应特性信息。在实际的气化炉中，煤样在加热过程中会发生热解、燃烧、气化等一系列反应，而在气化过程中等温条件下煤焦的停留时间较短或无停留。同时，气化温度受多种因素影响，难以保持恒定。另外，在等温气化实验中选择较低的反应温度时，半焦样品的完全反应时间过长。相反，在较高的气化温度下，样品的反应速率可能会受到内外扩散因素的影响。同时，当气化温度高于制备半焦所选择的热解温度时，在惰性气氛下重新加热过程中，由于"二次热解反应"，半焦的理化结构可能发生明显变化，说明其不能反映气化反应性的准确性[203-204]。此外，考虑到气体流量和不可忽略的腔室容积对测量结果的影响，许多学者[177,205-206]报道气体切换是等温气化实验中不可缺失的步骤，导致测量误差大、反应机理推断不准确。与等温法相比，非等温法具有实验量少、测量信息多、有效避免温度选择、减少样品微分干扰等优点，可为确定真实反应特性提供方向[207]。因此，有必要结合非等温气化条件下 TGA 和 HTSM 的优势，开发更接近工业应用的研究方法。

本章在 CO_2 气氛下，利用非等温 TGA 法对不同升温速率下半焦的气化行为进行了监测，并将结果与 HTSM 的可视化形态演变进行了比较。同时，利用热机械分析仪（TMA）对煤灰的熔融过程进行了研究，进而利用单升温速率法和多升温速率法进行动力学分析，旨在利用不同反应器测定的非等温条件下半焦气化反应活性和动力学的相似性和差异性，揭示反应机理和传热传质的局限性。该研究不仅证明了 HTSM 在非等温气化条件下的有效性，而且为工业气化炉的设计和运行提供了重要依据。

6.2 实验部分

6.2.1 样品选择及制备

选用第 5 章中使用的禾草沟烟煤为原料，将煤样品研磨并筛分至粒度小于 $180\mu m$。然后，将其在 50℃ 的真空烘箱中干燥 6h。煤灰是在马弗炉中制备的。其加热过程如下：煤样以 3℃/min 的加热速率从室温加热至 200℃，然后以 6℃/min 的恒定加热速率连续加热至 500℃。在 500℃ 下保持 30min 后，以 3℃/min 的加热速率加热至 815℃ 并保持 2h。煤焦样品选取的是热解温度 1200℃ 和停留时间 20min 的禾草沟快速热解煤焦，样品平均粒径约为 96～109μm。

6.2.2 煤灰的熔融过程测定

利用法国 SETARAM 公司的热机械分析仪测定上述煤灰样品（研磨至 $75\mu m$ 以下）在升温过程中的熔融过程。将约 25mg 的煤灰放在模具中，在压力 1MPa 和停留 2min 的条件下压制成圆形样品片。采用和非等温气化一致的升温程序，分别以 2.5℃/min、

5℃/min 和 10℃/min 的升温速率从常温升至 1400℃，记录样品高度的变化。根据以下公式计算出煤灰样品的收缩率：

$$\text{Shrinkage} = \frac{L_0 - L}{L_0} \times 100\% \tag{6-1}$$

式中，L_0 指常温下样品的高度；L 则是指样品在某一特定温度下的高度。

6.2.3 煤焦在 TGA 和 HTSM 中的非等温气化反应特性测定

在非等温条件下，使用 TGA（SETARAM，法国）对半焦样品进行气化实验。对于每个实验，将（10±0.2）mg 样品装入直径为 8mm 且高度为 5.1mm 的圆柱形氧化铝坩埚中，然后将坩埚置于 TGA 炉中，将其从室温加热至 1400℃。采用三种不同的升温速率（2.5℃/min、5℃/min 和 10℃/min）对高纯 CO_2（99.999%）下的非等温气化进行了研究，CO_2 流量为 140mL/min。所有实验至少进行两次，确保实验结果的重现性。

利用 HTSM 观察煤焦颗粒的气化特性，同上，在室温下将 140mL/min 流速的 CO_2 通入反应器 20min 后，将半焦样品分别以 2.5℃/min、5℃/min 和 10℃/min 的恒定加热速率从室温加热至 1400℃。同时，为了减少不必要的计算，采用显微数码相机连续记录了气化温度达到 500℃后半焦颗粒的形态演变。最后，利用 Photoshop 和 ImageJ 软件批量计算不同反应时间下的颗粒面积，并将其应用于半焦颗粒反应速率的计算。具体的气化数据的分析方法同上章内容。此外，为定量评价煤焦在非等温条件下的气化反应性，参考煤燃烧和热解的分析方法，得到煤焦的气化反应特征温度。TGA 实验数据的具体处理方法已在第 4 章中介绍，而在本章中，首次提出了颗粒面积百分比-面积导数曲线，以获得在 HTSM 实验中半焦样品的特征温度。

6.2.4 非等温气化反应动力学分析

煤焦与 CO_2 的气化反应机理非常复杂，在第 1 章中详细总结了非等温气化条件下求取动力学参数常用的几种单一升温速率法和多升温速率法。单一升温速率法经对一条升温速率下的热分析曲线计算可以获得动力学数据，而多升温速率法则需要多个不同升温速率条件下的曲线组合。

6.2.4.1 单一升温速率法

选择常用的 Coats-Redfern 法，其通常将气化反应假设为一级动力学反应，通过对其近似处理和积分后可得出以下表达式：

$$\ln\left(\frac{-\ln(1-X)}{T^2}\right) = \ln\left[\frac{AR}{\beta E_a}\left(1 - \frac{2RT}{E_a}\right)\right] - \frac{E_a}{RT} \tag{6-2}$$

在特定的升温速率下，$\ln\left[\frac{AR}{\beta E_a}\left(1 - \frac{2RT}{E_a}\right)\right]$ 被认为是一个常数，因而可以通过 $\ln\left(\frac{-\ln(1-X)}{T^2}\right)$ 对 $1/T$ 作图，求出每个升温速率下的动力学参数。

6.2.4.2 多升温速率法

Kissinger-Akahra-Sunose（KAS）法以其较高精度优势在求取非等温气化反应动力

学参数时应用较广泛。通常以 DTG 曲线中最大反应速率对应的峰温（T_m）作为变量，其表达式为：

$$\frac{E_a \beta}{R T_m^2} = An(1-X)^{n-1} \exp(-E_a/RT) \tag{6-3}$$

该方法假设 $n(1-X)^{n-1}$ 项不受升温速率的影响，近似于常数，对上式两边取对数后可变为：

$$\ln\left(\frac{\beta}{T_m^2}\right) = \ln\left(\frac{AR}{E_a}\right) - \frac{E_a}{RT_m} \tag{6-4}$$

根据 $\ln\left(\frac{\beta}{T_m^2}\right)$ 和 $1/T_m$ 的拟合直线的斜率和截距，获得活化能和指前因子。

6.3 结果和讨论

6.3.1 非等温条件下煤焦在 TGA 和 HTSM 中的气化特性区别

与等温气化法相比，非等温气化法具有实验量小和提供更多的反应特征信息等优势，在对第 5 章内容深入理解的基础上，本章进一步探索非等温气化条件下，较小粒径煤焦在不同升温速率下在 TGA 和 HTSM 中的反应性和动力学的区别。

6.3.1.1 在 TGA 中升温速率对煤焦气化反应特征的影响

气化温度 600~1400℃范围内，在升温速率分别为 2.5℃/min、5℃/min 和 10℃/min 条件下，利用 TGA 对 HCG 煤焦的 CO_2 气化反应特性进行分析。如图 6-1（a）所示，不同升温速率下煤焦的碳转化率随反应温度的变化曲线差异显著，同时可以明显观察到整个反应过程可分为初始阶段、快速反应阶段和终止阶段[207]。在初始阶段，样品的碳转化率和反应速率曲线接近于零，表明样品温度太低，不能达到与 CO_2 反应的温度。随着温度的升高，半焦样品逐渐消耗，碳转化率和反应速率曲线迅速上升。最终，由于碳基质被完全消耗，因此得到恒定质量的样品。因此，在热重实验中，煤焦的气化特性通常是由快速反应阶段获得的。结果表明，随着升温速率的提高，两条反应曲线均向高温区移动，反应速率峰值增大。显然，在不同的升温速率下，反应至质量不再变化的温度分别为 1142℃、1203℃和 1258℃，表明升温速率越高，反应完全结束的温度越高，但整个气化反应过程所用的时间越少，且在一定温度下，随着升温速率的提高，碳转化率逐渐降低。

为了定量评价煤焦样品在非等温条件下的气化特性，表 6-1 通过对非等温气化反应特征温度等参数求解得出相关数据。随着加热速率从 2.5℃/min 增加到 10℃/min，初始温度 T_i、最大反应速率对应温度 T_m 和结束温度 T_f 的特征温度分别从 981.68℃、1056.26℃和 1082.84℃增加到 1026.43℃、1153.43℃和 1206.39℃，表明了 T_i、T_m 和 T_f 均随升温速率的增大而升高，呈现热滞后现象。同时，反应时间间隔则由 40.46min 减小到 18.00min，相应综合气化反应指数 S 由 0.29×10^{-12} $\min^{-2} \cdot ℃^{-3}$ 增加到 $2.28 \times 10^{-12} \min^{-2} \cdot ℃^{-3}$，证明了升温速率的增加，导致相同的时间内达到的温度升高，因而测得的气化反应性加快。从本质上分析煤焦的气化反应是一个典型的吸热反应,在 TGA 中气化反应受传热传质影响[208]。一方面,在较高的升温速率下,由于传热的加热限制,对煤焦的加热延迟更严重,使实际温度比测量点的温度低很多。另一方面,在较低的升温速率下,达到一定反应温度所需的时间较长,使得气化剂的扩散对气化反应的影响较小。此外,随温度的提高,煤焦的反应速率呈现先增加后减小的趋势,这是由于反应温度的升高可以使活性中心增加,提高反应速率。但碳基质消耗到一定程度时,即使温度继续增加,煤焦自身所含的活性位数量并不能继续增加,且反应生成的灰层也可能增大气体扩散的阻力,因而后期的反应速率降低。

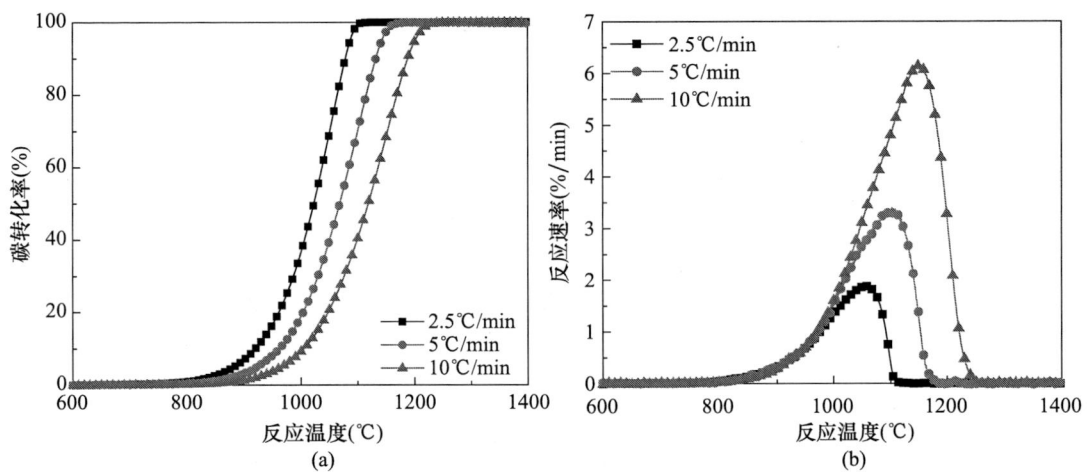

图 6-1 在 TGA 中不同升温速率下煤焦的碳转化率(a)和反应速率(b)随反应温度的变化

表 6-1 在 TGA 中非等温气化条件下焦样的特征参数

升温速率 (℃/min)	T_i (℃)	T_m (℃)	T_f (℃)	DTG_{max} (%/min)	dX/dt_{max} (%/min)	dX/dt_{mean} (%/min)	$S×10^{12}$ ($min^{-2}·℃^{-3}$)	t_g (min)
2.5	981.68	1056.26	1082.84	1.62	1.91	1.60	0.29	40.46
5	997.45	1101.84	1144.13	2.88	3.52	1.91	0.59	29.34
10	1026.43	1153.43	1206.39	5.35	6.33	4.57	2.28	18.00

6.3.1.2 在 HTSM 中升温速率对煤焦气化反应特征的影响

尽管第 5 章中在等温气化条件下已对 TGA 和 HTSM 中内外扩散的区别有了深入研究,但利用非等温气化方法明确在 TGA 和 HTSM 中上述传热传质限制下的气化特性差异尚未被探索。

在 HTSM 中,单颗粒 HCG 煤焦在气化反应过程中形貌和面积的变化如图 6-2 所示。不同升温速率下,随气化反应的进行,煤焦颗粒的形貌均在较高反应温度时出现颗粒熔融的现象,其面积明显减小直至不再变化,但又因熔融过程导致增加。

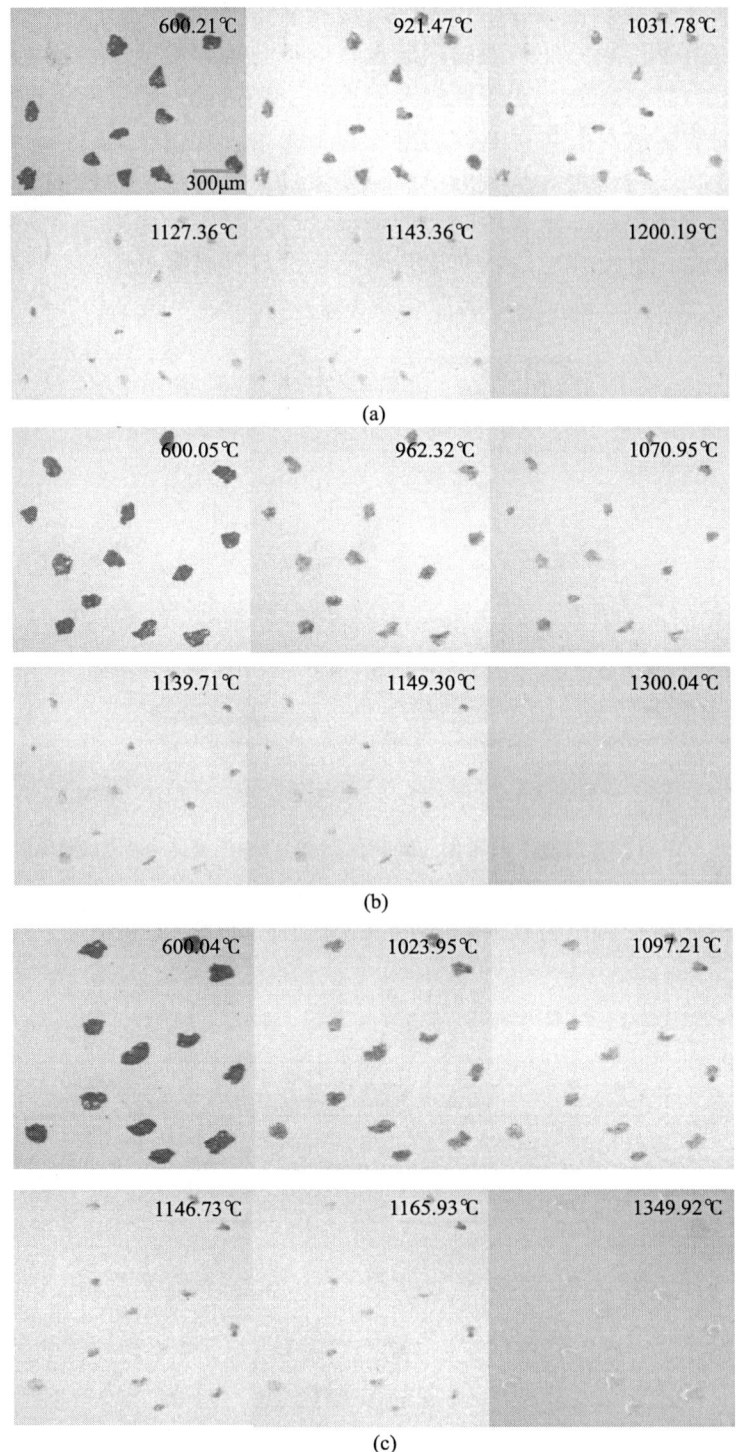

图 6-2 在 HTSM 中单颗粒煤焦在气化反应过程中的形貌和面积变化
(a) 2.5℃/min;(b) 5℃/min;(c) 10℃/min

为了对非等温 HTSM 气化结果进行定量分析,在图 6-3 中展示了煤焦颗粒面积、收缩率和碳转化率随反应温度的变化。随着升温速率的提高,收缩率和碳转化率曲线均出现滞后现象,这与热重分析反映的规律一致。但与热重分析结果相比,HTSM 反应的整个过程分为四个阶段:初始阶段、快速反应阶段、终止阶段和灰熔融阶段。值得注意的是,终止阶段是较短的,煤灰熔融阶段在 TGA 中未体现。

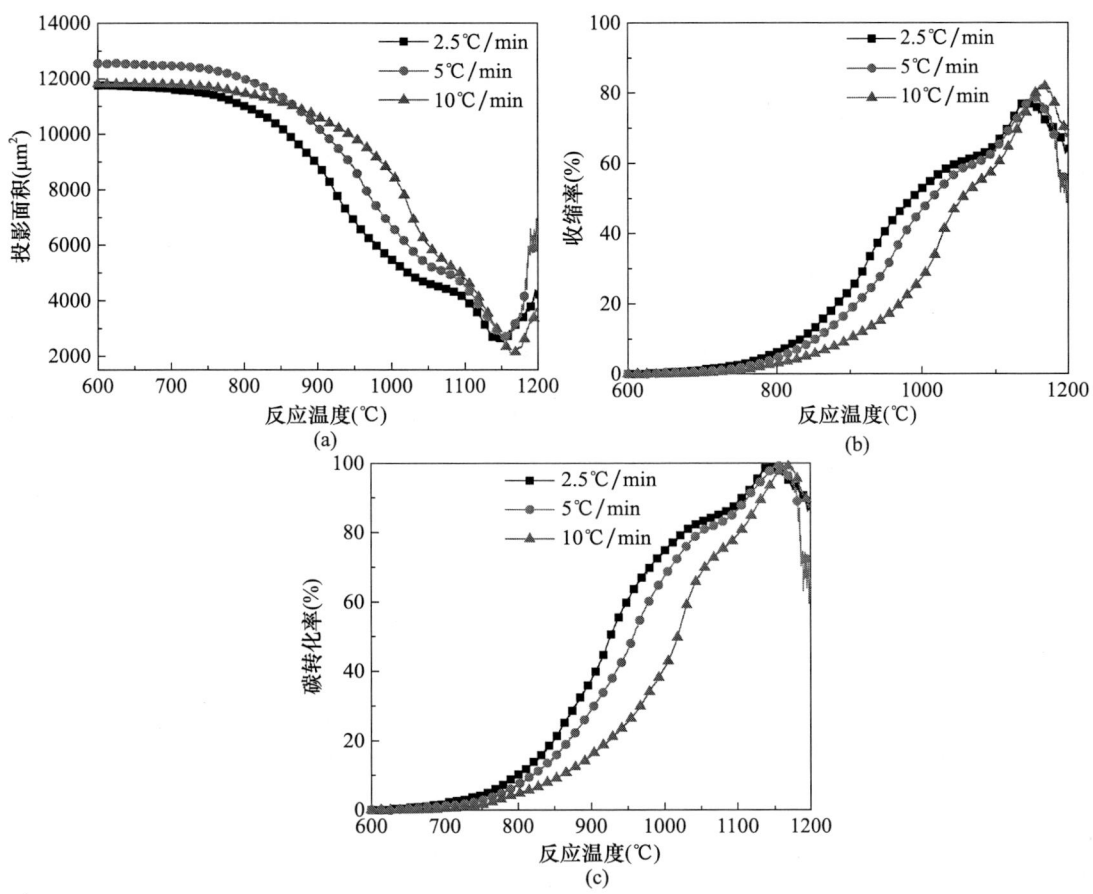

图 6-3　在 HTSM 中煤焦的投影面积（a）、收缩率（b）和碳转化率（c）随反应温度的变化

如图 6-4 所示,利用热机械分析仪证实了 HCG 煤灰随温度的升高出现不同程度的烧结,导致高度缩减和体积缩小,且在更高温度时发生熔融。具体为:随气化温度的升高,782℃开始出现收缩现象,并且收缩率呈逐渐增大的趋势。因此,在达到变形温度 1206℃前,HCG 煤灰发生烧结,在较高温度下,液滴的存在表明煤灰可能膨胀,导致收缩减少。

依据 TGA 中特征温度的求解方法将不同升温速率下的面积减小速率和面积百分比与温度的关系在图 6-5 中展示,最终求得的 HTSM 气化反应特征参数在表 6-2 中列出。如图 6-3（b）可知,煤焦颗粒面积的变化规律与图 6-2 结果一致,而且结合图 6-5 可以看出,整个 HTSM 快速反应阶段气化反应完成前可分为两个部分,煤焦中的碳基质被完全消耗,剩余的煤灰又将继续熔融。通过 TMA 中煤灰在升温过程中样品高度随温度的升高,出现不同程度的变化可以解释在 HTSM 气化完成前的第一个阶段主要是煤焦中碳基质的气化反应和微弱的烧结。第二阶段是随着碳基质的不断消耗,颗粒面积将按照 TGA 中所表明的反应速率在碳含量减少至一定程度会降低的规律,出现变化率减小的现象,但温度的持续增加和颗粒尺寸的减小,烧结导致的颗粒收缩会占主导,因而在 HTSM 中反而出现反应速率再次达到峰值的现象。最终在气化反应结束后，由于在高温下煤灰中的矿物质间会发生反应和熔融等变化，必然导致图片中所显示的颗粒面积增大，且与 TMA 中煤灰在 1150～1200℃ 范围内样品收缩率随温度的升高而降低的现象吻合，这种现象与 HCG 煤灰的性质密切相关。灰样的矿物组成和含量不同，可直接影响反应产物的性质，决定烧结过程、熔融程度和收缩率。由于 TGA 实验装置的不透明设计和仅提供质量变化的信息，因而整个气化反应过程中颗粒形貌及后续煤灰变化过程只能在 HTSM 中才能观察。

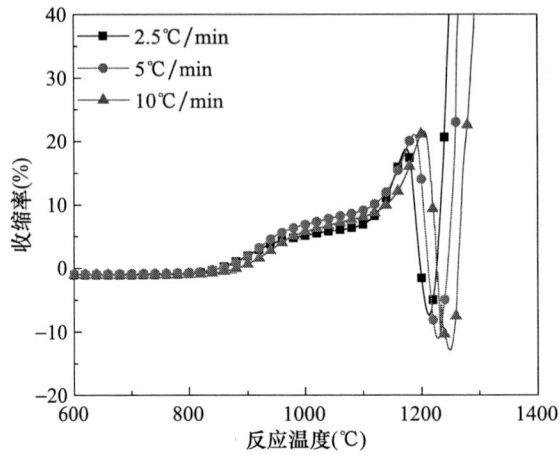

图 6-4　不同升温速率下 HCG 煤灰样品的收缩率随反应温度的变化

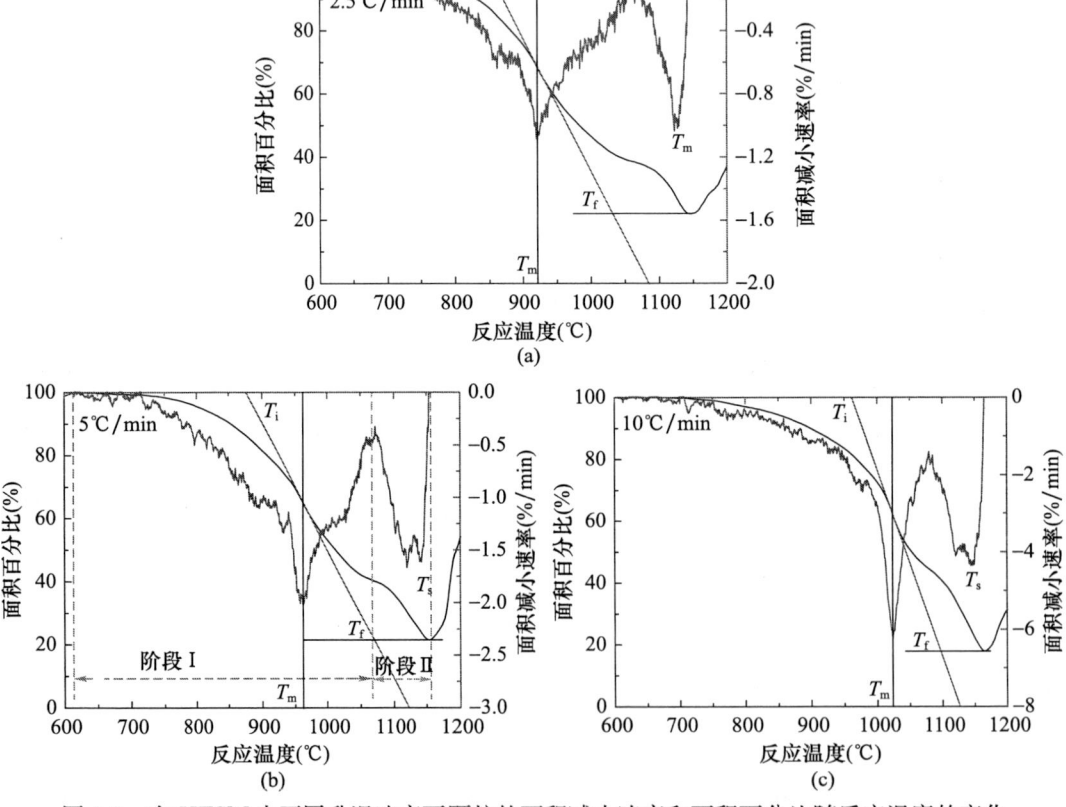

图 6-5　在 HTSM 中不同升温速率下颗粒的面积减小速率和面积百分比随反应温度的变化

表 6-2 在 HTSM 中非等温气化条件下煤焦的特征参数

升温速率 (℃/min)	T_i (℃)	T_m (℃)	T_f (℃)	ADR_{max} (%/min)	dX/dt_{max} (%/min)	dX/dt_{mean} (%/min)	T_s (℃)	t_g (min)
2.5	842.62	921.44	1031.99	1.09	0.92	0.82	1127.49	75.75
5	875.95	962.30	1070.81	2.03	2.74	1.56	1139.99	38.97
10	961.12	1023.91	1097.33	6.24	7.83	3.70	1146.73	13.62

注：ADR_{max} 是面积减小速率最大值；T_s 是烧结引起的峰温。

由表 6-2 可知，在 HTSM 中，升温速率由 2.5℃/min 升高到 10℃/min，气化反应的特征温度 T_i、T_m 和 T_f 分别由 842.62℃、921.44℃ 和 1031.99℃ 升高到 961.12℃、1023.91℃ 和 1097.33℃，与 TGA 中的结果一致。此外，第二阶段的峰值温度和 TMA 的延迟均表明升温速率的增加对烧结也有延迟影响，可以解释为收缩率随升温速率的增加而略微增大的现象。通过对比表 6-1 和表 6-2，在相同升温速率下，TGA 中测得的特征温度 T_i、T_m 和 T_f 均高于 HTSM 的，表明在 HTSM 中测得的煤焦反应性较高，与等温气化法得到的煤焦在不同反应器中测得的反应性规律一致。但是，随着升温速率提高，在 HTSM 中的 T_i、T_m 和 T_f 分别增加了 118.5℃、102.47℃ 和 65.34℃，表明整个特征温度增加幅度逐渐降低；在 TGA 中分别增加了 44.75℃、97.17℃ 和 123.55℃，反映了特征温度增加幅度逐渐升高的趋势。尽管在 HTSM 中外扩散和床层扩散对气化反应的影响可以消除，但升温速率的升高导致在不同温度下停留时间的减少是必然存在的，而且吸热反应的特点也存在传热阻力，因而仍存在温度延迟现象，但在高温下可忽略的扩散和烧结的影响将导致结束温度 T_f 增幅减小。与此相比，在较高温度下 TGA 存在外扩散、床层扩散和更严重的传热阻力，因而升温速率升高导致的较短停留时间将使特征温度增幅增大，表明在 TGA 和 HTSM 中实验条件的不同对气化反应特性的影响存在巨大差异。

6.3.2 在 TGA 和 HTSM 中煤焦的非等温气化动力学对比

6.3.2.1 单一升温速率法求取的动力学参数

在 TGA 和 HTSM 中，利用 Coats-Redfern 法对不同升温速率下煤焦的非等温气化拟合的结果如图 6-6 所示。TGA 和 HTSM 中获得的拟合线均展示了较好的拟合度（拟合系数为 0.98~0.99），表明了一级反应模型的假设可以描述煤焦的非等温气化。此外，随升温速率增加，拟合直线的斜率绝对值逐渐变小，这些变化可以反映动力学参数的不同。

根据拟合直线的斜率和截距分别获得活化能和指前因子，相应的动力学参数在表 6-3 中列出。随着升温速率提高，煤焦反应活化能和指前因子在同一气化仪器（HTSM 或 TGA）中都呈逐渐减小的趋势，与许多文献结果较一致[132]。在相同升温速率下，利用 TGA 测得的表观活化能远高于 HTSM 中所得的，与文献中报道的在有较低外扩散影响的气化条件下测得的活化能较高的规律矛盾，因而采用了多升温速率法对单个升温速率法获得的结果进行验证。

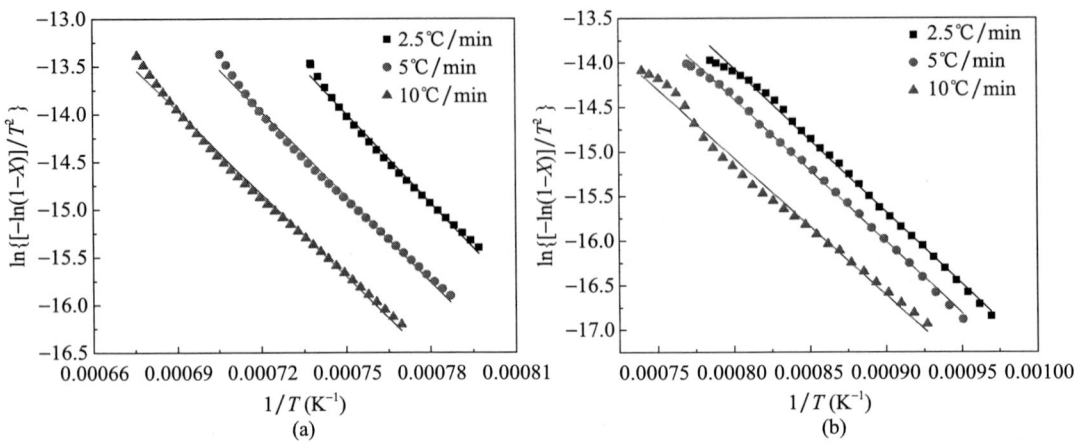

图 6-6 在 TGA（a）和 HTSM（b）中根据 Coats-Redfern 法在不同升温速率下的拟合结果

表 6-3 根据 Coats-Redfern 法求得的煤焦在 TGA 和 HTSM 中的非等温气化动力学参数

升温速率	E_a (kJ/mol)		A		R^2	
	TGA	HTSM	TGA	HTSM	TGA	HTSM
2.5	260.34	134.21	19.84	8.55	0.9943	0.9971
5	248.22	133.21	17.83	8.10	0.9953	0.9985
10	241.72	128.08	16.37	6.90	0.9957	0.9898

6.3.2.2 多升温速率法求取的动力学参数

如图 6-7 所示，两种仪器下的拟合度都较高，拟合相关系数为 0.9993 和 0.9768，且在 TGA 中获得的活化能和指前因子均高于 HTSM 的，与单一升温速率法求得的规律一致。但相同仪器下多升温速率法求得的活化能与单个升温速率法的活化能有很大偏差，表明了同一种煤焦的气化反应动力学参数计算方法的不同，得到的结果有很大差异，这是由于升温速率对计算结果的影响很大。除了升温速率法的不同导致动力学补偿效应外，在使用单一升温速率法进行计算时，因气化反应的开始和结束温度的选择不同而导致计算结果的不确定性。由多升温速率法的计算公式分析，选择了升温速率和最大反应速率对应的峰温两个参数，尽管现有分析仪器可以获得较精确的峰温，但考虑到传热的影响导致样品的温度梯度在高升温速率下较大，所以这种计算方法将很大程度上依赖于样品本身对升温速率的敏感程度，这意味着两种方法的计算结果都应考虑升温速率的影响。最重要的是，已经在第 4 章研究中发现煤焦在气化反应过程中不同阶段下煤焦结构会改变，同时控制反应速率的主导因素也会有较大区别，因而在使用多升温速率法求取动力学参数时，单一的峰温指标对于求得的活化能结果的准确性和反应机理的推测指导有限。

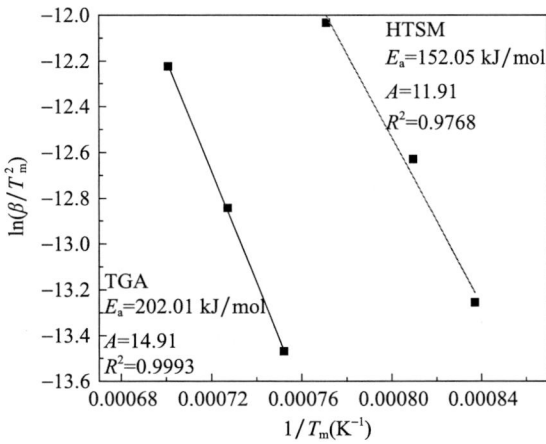

图 6-7 在 TGA 和 HTSM 中根据 KAS 法在不同升温速率下的拟合结果

6.3.2.3 KAS 等转化率法求取的动力学参数

为了对在 TGA 和 HTSM 中非等温气化条件下的整个气化反应过程和机理有更深入的认识,利用 KAS 等转化率法计算在不同碳转化率下的表观活化能,其表达式为:

$$\ln\left(\frac{\beta}{T_X^2}\right)=\ln\left(\frac{AR}{E_a}\right)-\frac{E_a}{RT_X} \tag{6-5}$$

式中,T_X 是指在某一特定碳转化率下对应的反应温度。

选择碳转化率在 5%~95% 范围内的数据进行计算,如图 6-8 所示。$\ln(\beta/T_X^2)$ 与 $1/T_X$ 呈良好的线性关系,表明 KAS 等转化率法在处理煤焦非等温气化动力学时有较好的适用性。图 6-9 是通过线性拟合方法可以计算出的在 TGA 和 HTSM 中不同转化率下煤焦气化反应的活化能。在 5%~30% 范围内,随碳转化率的增加,在 TGA 中反应的活化能增加;在 30%~95% 范围内,逐渐减小,且在 TGA 中测得的平均活化能是 191.51kJ/mol。在 HTSM 中随着碳转化率的增加,HCG 煤焦的活化能先降低,在碳转化率为 30% 时达到最低值,然后逐渐增加,并在碳转化率达到 80% 开始迅速增加至 969.31kJ/mol,相应的在 HTSM 中的平均活化能是 199.01kJ/mol。

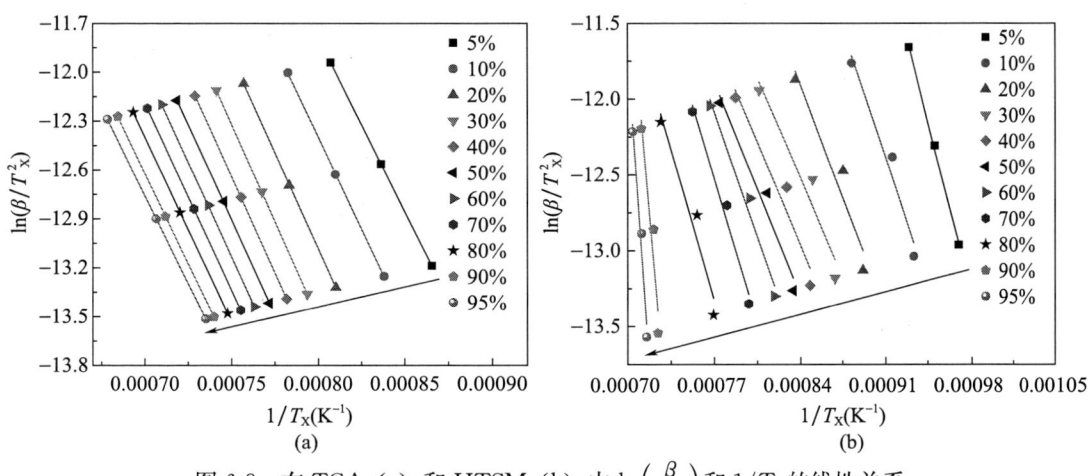

图 6-8 在 TGA (a) 和 HTSM (b) 中 $\ln\left(\frac{\beta}{T_X^2}\right)$ 和 $1/T_X$ 的线性关系

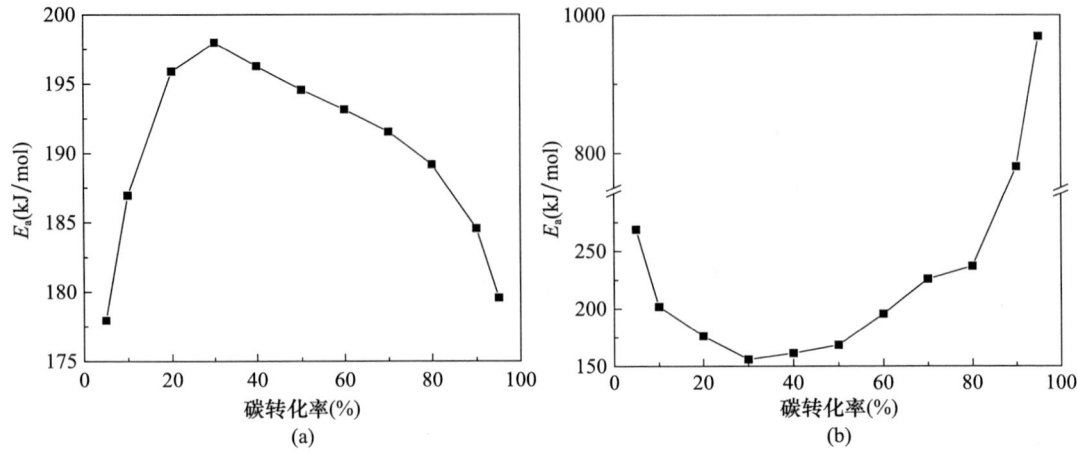

图 6-9　在 TGA（a）和 HTSM（b）中气化活化能随碳转化率的变化

正如上述对煤焦在 TGA 中的常规气化反应动力学理解中发现，煤焦在气化过程中主要受外扩散、床层扩散、内扩散和界面的化学反应影响。前期研究发现，较小的粒径受到的内扩散影响极小，但随着温度的升高导致内扩散的影响逐渐增大，然而颗粒尺寸的减小反而导致内扩散的影响减小，因而认为对于小粒径煤焦颗粒而言，内扩散在非等温气化反应过程中的影响也是不断变化的，但在 TGA 和 HTSM 中最大的区别在于外扩散和床层扩散的差异，外扩散和床层扩散已被证明在利用 TGA 进行本研究条件下时不可能被真正消除，因而随着温度的升高，外扩散和床层扩散的影响也逐渐增强。因此，在 TGA 中，煤焦气化反应动力学主要影响因素是界面处化学反应、外扩散和床层扩散的阻力，而在 HTSM 中主要由界面处的化学反应主导。针对 TGA 中煤焦的活化能随碳转化率的变化规律，当温度升高时，分子运动速率加快，界面处化学反应与内扩散的阻力减小，且化学反应阻力减小的程度大于内扩散的程度[209]。因此，反应速率在低温时受界面上的化学反应控制，而在高温时主要受内扩散、外扩散和床层扩散控制。煤焦随着转化率的增加，活化能的变化趋势各不相同，反应控制步骤由界面内的化学反应控制转变为内扩散或外扩散控制时，内扩散或外扩散控制步骤的活化能小于化学反应控制步骤的。对于 HTSM 气化，在无外扩散和床层扩散影响的条件下，主要受到烧结的影响，使得样品本身难以发生反应，在较高转化率下（反应温度下）烧结导致测得的面积变化，因而导致活化能的增加。与简单的单一升温速率法和多升温速率法相比，KAS 等转化率法更能深入了解反应机理。

利用 TGA 和 HTSM 测得的煤焦与 CO_2 的反应特性及动力学的差异，表明了反应器的操作条件区别会带来不同的结果，而利用 HTSM 求取的值更接近气流床气化炉中单颗粒气化的工况条件，同时能够真正消除内外扩散对动力学的影响，对气化炉的设计和稳定运行更有正确的指导意义，建议在非等温条件下的 HTSM 测量结果更接近气化炉中的实际工况。

6.4　本章小结

利用热重分析仪（TGA）和 HTSM 研究了煤焦在非等温条件下的气化性能，重点考察了升温速率对煤焦气化反应性和动力学的影响,并对煤焦的失重和形态变化进行了系统分析。此外,对不同体系半焦的气化反应性和动力学进行了比较。主要结论如下:

(1) 非等温气化条件下,利用 HTSM 原位观察到煤焦颗粒气化反应过程中的快速反应阶段出现两个峰。第一个峰是煤焦中碳基质的气化反应导致其持续消耗和弱烧结作用引起的,而第二个峰是烧结作用对半焦气化反应速率起主导作用而引起的。

(2) 在 TGA 和 HTSM 实验中,随着加热速率从 2.5℃/min 增加到 10℃/min,反应性和特征温度均显著增加,表明传热和传质的限制以及升温速率升高导致的相应温度停留时间较短的共同影响。同时,在 HTSM 中测得的反应性高于在 TGA 中测得的反应性,特征温度增加幅度的差异显著。这可能是由于 TGA 中严重的扩散和高温下传热的限制对反应活性的影响比 HTSM 中的影响更大。

(3) 随升温速率的增加,在 TGA 和 HTSM 中单一升温速率法测得的活化能均出现减小的趋势,当利用多升温速率法计算时 TGA 测得的活化能为 202.01kJ/mol,HTSM 测得的活化能为 152.05kJ/mol。利用 KAS 等转化率法测得的 HTSM 活化能高于 TGA 的,符合外扩散和颗粒间扩散的增强降低活化能的规律,对反应机理的深入理解应更多依赖于 KAS 等转化率法。在碳转化率<30%时,反应活化能急剧增加,而在 30%~95%范围内,反应活化能随碳转化率的增加而降低。TGA 和 HTSM 测得的活化能 E_a 平均值分别为 191.51kJ/mol 和 199.91kJ/mol,且 HTSM 的 E_a 值先降低后升高。在非等温条件下,HTSM 测定的煤焦气化反应性和动力学更接近本征值。

第 7 章 结论和展望

本书针对工业气化炉中原煤首先经历快速升温热解,然后形成的煤焦发生气化的特点,选取催化活性高的皮里青烟煤和催化活性低的禾草沟烟煤为研究对象,利用快速升温热重分析仪和搭建的竖式高温激冷炉制备不同热解条件下的快速热解焦。基于快速升温热重技术研究了升温速率对皮里青烟煤热解过程及后续原位煤焦气化的影响,初步分析了不同升温速率下制备煤焦的结构参数与原位气化反应性指数的定量关系;考察了煤焦在气化过程中的物理化学结构变化,并探索了不同碳转化率下煤焦的反应特性,分别对比了理化结构变化与原位和非原位气化反应特性的关系,定性明晰了具有较高催化活性煤焦的气化反应过程和机理;利用不同热解温度和停留时间的禾草沟煤焦定量关联了煤焦的结构参数与不同阶段的气化反应特征温度的关系,建立了合适的结构模型预测不同阶段的反应特征;基于常规 TGA 气化实验存在不能完全消除外扩散和床层扩散及装置不透明的缺点,利用高温热台显微镜可视化原位观察煤焦的气化反应过程的优势,通过等温法和非等温法评估了煤焦的气化反应特性,系统分析了禾草沟煤焦在 TGA 和 HTSM 中测定的气化反应性和动力学的区别,明确了快速升温条件下煤焦的气化反应过程和机理,为工业气化炉的设计、优化和稳定运行提供了理论依据。

7.1 本书主要结论

7.1.1 基于快速升温热重技术的煤焦结构和原位气化反应性关系

在热解过程中,随着升温速率的提高,原位焦的最大失重速率和相应的峰值温度明显增加。同时,在热解温度 950℃下原位焦的气化反应性随升温速率的提高而增加;当升温速率超过 50℃/min 时,对原位焦样品的反应性影响不大。

碳微晶结构是评价原位焦在不同升温速率下的气化反应性的主导因素。堆垛高度、堆垛层数与反应性指数的线性相关系数均大于 0.97。XRD 与拉曼结构表征参数的关联式可表示为 $\frac{I_{D1}}{I_G} = -0.27 + \frac{23.1\,d_{002,a}}{L_{c,a}}$,其线性相关系数为 0.9941。此外,将 XRD 和拉曼结构参数可以理想地结合预测原位煤焦的反应性指数,关联式可表示为 $R_s = 0.174 + \frac{43.14\,d_{002,a}}{L_{c,a}} + \frac{3.58\,I_{D3} \times I_{D4}}{I_G^2}$,其线性相关系数为 0.9829。

7.1.2 快速热解煤焦的结构及非原位和原位气化反应性

快速热解条件下,随气化反应的进行,皮里青原位煤焦的气化反应速率呈现先显著提高后降低的趋势，并在碳转化率约为 10% 处达到最大值，其主要原因为气体切换步骤、石墨化程度的增加、无机矿物由催化作用向抑制作用的连续性转变的共同作用。随着碳转化率的提高，不同碳转化率的非原位焦的气化反应性先降低后提高，可归因于煤焦中的矿物质催化作用较小时，碳结构决定了气化反应性，当催化作用增至一定值时矿物质占主导作用。

根据非原位皮里青煤焦的模型拟合结果和气化过程中煤焦的动态结构演化，URCM 是描述煤焦气化反应过程的最佳模型。此外，等转化率方法证实了 URCM 的有效性，揭示了皮里青煤焦在原位气化过程中活化能逐渐增加的反应机理。

7.1.3 不同气化反应阶段快速热解煤焦的结构和气化特性

热解停留时间的延长和温度的提高均导致禾草沟煤焦的微晶结构更有序，但热解停留时间对碳微观结构的影响程度取决于热解温度。等温气化条件下，当气化温度远高于热解温度时，惰性升温阶段引起煤焦结构变化；非等温气化条件可以有效地避免非原位焦的结构变化，且随着热解温度的提高和停留时间的增加，反应活性基本呈逐渐降低趋势，揭示了不同阶段的反应速率受化学结构因素控制而导致差异较大。

T_i、T_m 和 T_f 与单个结构参数的线性相关系数揭示了煤焦的物理化学结构参数对气化反应性的影响程度依次为：$I_{D1}/I_G > I_{D3}/I_G > N > S_{N_2} > S_{CO_2}$，表明了比表面积不是气化反应性的主导因素，禾草沟煤焦的化学结构对气化反应性的影响远大于物理结构，并可将 I_{D1}/I_G 作为评价煤气化中各个特征温度的粗略指标。

利用不同热解条件下煤焦的 XRD 和拉曼所代表的结构参数组合，建立了基于煤焦化学结构参数预测反应特征温度的关系式，评价了各阶段的反应活性：

初始温度 $T_i = 1106.67 - 62.04 I_{D3}/I_G$　　　　　　　　　　$R^2 = 0.8676$；

最大反应速率温度 $T_m = 1320.63 - 22.61 I_{D1}/I_G - 9.75 N$　　　$R^2 = 0.9279$；

反应结束温度 $T_f = 1306.39 - 16.2 I_{D1}/I_G - 4.26 N$　　　　　$R^2 = 0.9895$

煤焦不同化学成分在各反应阶段的作用：在气化反应的初期阶段，CO_2 易倾向于与无定形碳反应；随着反应的进行，大量存在于石墨烯层边缘的无序碳结构，与类石墨结构共同主导煤焦气化的中间阶段，但类石墨结构所起作用较小；在后期阶段类石墨结构的作用逐渐增强。

7.1.4 TGA 和 HTSM 条件下粒径对等温气化反应特性的影响

等温条件下，利用高温热台显微镜（HTSM）原位观察到禾草沟煤焦颗粒在气化反应过程中颗粒破碎和孔洞生成；不同粒径煤焦颗粒的收缩率随气化温度的升高而增大，且在相同气化温度下小粒径煤焦的收缩率高于大颗粒煤焦的，这是在灰分相差较少条件下颗粒收缩率是由烧结决定的，且温度越高和粒径越小越有利于烧结，导致收缩率增大。在相同气化条件下，在 HTSM 中测得的反应性远高于 TGA 中的测量值，可归因于在 TGA 中存在未真正消除的外扩散和床层扩散影响，导致产物 CO 的积累，降低反应性，而极少颗粒在 HTSM 中气化可认为已完全消除外扩散和床层扩散的影响。

在 TGA 和 HTSM 中，修正体积模型（MVM）描述不同粒径煤焦的整个气化反应过程的效果均远优于收缩未反应芯模型和均相模型，且在 TGA 中，三种动力学模型均反映了小粒径煤焦的反应控制机制的转折温度范围为1200～1250℃，而大粒径煤焦的转折温度范围为1150～1200℃。对小粒径颗粒而言，在TGA中MVM拟合所得不同气化温度段的反应活化能分别是156.15kJ/mol和103.63kJ/mol，而在HTSM中的活化能为212.75kJ/mol；在TGA中MVM拟合所得不同气化温度段的大粒径煤焦反应活化能分别是160.53kJ/mol和98.74kJ/mol，而在HTSM中的活化能为209.3kJ/mol。利用等转化率法计算的活化能验证了MVM的有效性。此外，煤焦在TGA和HTSM中的气化反应过程中内扩散效率因子计算值和实验值是不断变化的，且揭示了大粒径颗粒在HTSM中气化比TGA中测得的内扩散影响更显著。

7.1.5 非等温TGA和HTSM条件下升温速率对气化反应特性的影响

随升温速率由2.5℃/min提高至10℃/min，在TGA和HTSM中测得的反应性明显增加，均出现相应特征温度升至较高温度的延迟效应，这是因为传热传质和升温速率升高在相应温度停留时间较短的共同影响。由于TGA中外扩散、床层扩散和明显的热滞后存在，出现了特征温度差值随升温速率升高而逐渐增加的现象，但HTSM却由于较弱的扩散和热滞后影响，相应的特征温度的差值呈逐渐减小的趋势。此外，从HTSM气化反应曲线可以明显看出两个峰温，这可能是由于第一个峰是煤焦中碳基质的气化反应导致其持续消耗和弱烧结作用引起的，而第二个峰是由于烧结作用对半焦气化反应速率起主导作用而引起的。在较高温度下气化残焦颗粒会发生烧结，因而在后期阶段反应速率反而出现增加的现象。

利用KAS等转化率法测得的HTSM活化能高于TGA，符合外扩散和颗粒间扩散降低活化能的规律。对反应机理的深入理解应更多依赖于KAS等转化率法。在碳转化率<30%时，反应活化能急剧增加，而在30%～95%范围内，反应活化能随碳转化率的增加而降低。TGA和HTSM测得的E_a平均值分别为191.51kJ/mol和199.91kJ/mol，且HTSM的E_a值先降低后升高。在非等温条件下，HTSM得到的反应性和动力学结果更接近本征值。

7.2 主要创新点

（1）系统地研究了煤焦在气化反应过程中的结构演化，利用快速升温热重分析仪从原位和非原位焦气化反应性差异的角度，揭示了煤焦结构与CO_2气化反应特性的关系；利用XRD和拉曼所提供的煤焦结构参数的组合，预测了不同阶段的反应特征温度。

（2）阐明了外扩散和床层扩散对反应速率的阻碍作用，导致相同气化条件下在TGA中测得的煤焦反应性远小于HTSM中的；提出了修正体积模型适合于描述催化活性较低煤焦气化过程，利用等转化率法验证了模型拟合的有效性和反应过程中活化能的变化；明确了在HTSM中大颗粒煤焦的内扩散影响更显著；揭示了传质传热和烧结对非等温气化过程的影响，为气化炉的设计和运行提供理论指导。

7.3 进一步工作及建议

通过本领域的研究，深入和系统地研究了快速热解煤焦与CO_2气化反应性和动力学，但由于时间和实验条件有限，研究中仍存在诸多不足，建议在以后的工作中进一步探索以下几方面内容：

（1）煤焦是在常压和单一氩气气氛条件下制备的，而真实气化炉中煤焦的气化是在高压和多种气氛下进行的，建议在更接近实际气化环境下制备煤焦，并在多种单一和混合气氛中高压气化。

（2）基于原位和非原位焦气化反应特性的显著差异，建议在煤焦结构的表征时应尽可能采用原位表征方法，如原位红外光谱、原位 XRD 和原位拉曼等，获得真实气化环境下的理化结构信息。

（3）通过单个煤种的气化反应性和动力学结果推测了反应机理，但煤种的复杂多样性导致获得的反应过程和机理的适用性存在局限。因此建议选择多个代表性的煤种获得更多的基础数据，验证特征温度的预测关系式和动力学模型的适用性，并修正反应机理。

（4）煤与固废共气化技术是未来发展的趋势，建议后续基于现有的快速升温热重和高温热台显微镜可视化技术，探索共热解和共气化反应过程中的协同作用，助力固废污染物的高效清洁利用及煤的可持续替代。

参考文献

[1] BP世界能源统计年鉴[M]. 北京：中国统计出版社，2018.

[2] CROMPTON P, WU Y R. Energy consumption in China: past trends and future directions [J]. Energy Economics, 2005, 27 (1): 195-208.

[3] 王显政. 煤炭主体能源地位突出以煤为基、多元发展是我国能源安全战略的必然选择[J]. 中国煤炭工业, 2014 (04): 24-5.

[4] 闫楠. 煤炭产业的环境保护问题及建议[J]. 中国环境管理, 2018, 10 (03): 38-40.

[5] 马弛. 中国洁净煤技术若干重大科技进展分析（之一）[J]. 能源研究与利用, 2002 (01): 3-6.

[6] LIU L, CAO Y, LIU Q. Kinetics studies and structure characteristics of coal char under pressurized CO_2 gasification conditions [J]. Fuel, 2015, 146: 103-10.

[7] LAHIJANI P, ZAINAL Z A, MOHAMMADI M, et al. Conversion of the greenhouse gas CO_2 to the fuel gas CO via the Boudouard reaction: A review [J]. Renewable and Sustainable Energy Reviews, 2015 (41): 615-32.

[8] 张云，杨倩鹏. 煤气化技术发展现状及趋势[J]. 洁净煤技术, 2019, 25 (S2): 7-13.

[9] TOMECZEK J, PALUGNIOK H. Kinetics of mineral matter transformation during coal combustion [J]. Fuel, 2002, 81 (10): 1251-8.

[10] CAKAL G O, YUECEL H, GUERUEZ A G. Physical and chemical properties of selected Turkish lignites and their pyrolysis and gasification rates determined by thermogravimetric analysis [J]. Journal of Analytical & Applied Pyrolysis, 2007, 80 (1): 262-8.

[11] 马志斌. 高温下煤中矿物质与有机质的相互作用[D]. 北京：中国科学院大学, 2014.

[12] SOLOMON P R, FLETCHER T H, PUGMIRE R J. Progress in coal pyrolysis [J]. 1993, 72 (5): 587-97.

[13] 周志杰. 煤热解过程与气化反应动力学研究[D]. 上海：华东理工大学, 2006.

[14] MOLINA A, MONDRAGÓN F. Reactivity of coal gasification with steam and CO_2 [J]. Fuel, 1998, 77 (15): 1831-9.

[15] LAHAYE J, EHRBURGER P. Fundamental issues in control of carbon gasification reactivity [M]. Kluwer Academic Publishers, 1991.

[16] AGARWAL A K, SEARS J T. The coal char reaction with CO_2-CO gas mixtures [J]. Indengchemprocess Desdev, 1980, 19 (3): 364-71.

[17] ERGUN S. Kinetics of the reaction of carbon with carbon dioxide [J]. Chinese Physics B, 2011, 14 (1): 333-8.

[18] WEEDA M, ABCOUWER H H, KAPTEIJN F, et al. Steam gasification kinetics and burn-off behaviour for a bituminous coal derived char in the presence of H_2 [J]. Fuel Processing Technology, 1993, 36 (1-3): 235-42.

[19] BAI Y, WANG Y, ZHU S, et al. Structural features and gasification reactivity of coal chars formed in Ar and CO_2 atmospheres at elevated pressures [J]. Energy, 2014, 74: 464-70.

[20] MA Z, ZHU Z, ZHANG C, et al. Flash hydropyrolysis of Zalannoer lignite [J]. Fuel Processing Technology, 1994, 38 (2): 99-109.

[21] LIANG D, QIANG X, GUANGSHENG L, et al. Influence of heating rate on reactivity and surface chemistry of chars derived from pyrolysis of two Chinese low rank coals [J]. International Journal of Mining Science and Technology, 2018, 28 (4): 613-9.

[22] WU S, JING G, XIAO Z, et al. Variation of carbon crystalline structures and CO_2 gasification reactivity of Shenfu coal chars atelevated temperatures [J]. Energy & Fuels, 2008, 22 (1): 199-206.

[23] WANG L, LI T, VARHEGYI G, et al. CO_2 gasification of chars prepared by fast and slow pyrolysis from wood and forest residue: A kinetic study [J]. Energy & Fuels, 2018, 32 (1): 588-97.

[24] JAYARAMAN K, GOKALP I, BONIFACI E, et al. Kinetics of steam and CO_2 gasification of high ash coal-char produced under various heating rates [J]. Fuel, 2015, 154: 370-9.

[25] ISLAM S, KOPYSCINSKI J, LIEW S C, et al. Impact of K_2CO_3 catalyst loading on the CO_2-gasification of Genesse raw coal and low-ash product [J]. Powder Technology, 2016, 290: 141-7.

[26] 徐秀峰,崔洪,顾永达,等. 煤焦制备条件对其气化反应性的影响 [J]. 燃料化学学报, 1996, (05): 28-34.

[27] 唐黎华,吴勇强,朱学栋,等. 高温下制焦温度对煤焦气化活性的影响 [J]. 燃料化学学报, 2002, (01): 16-20.

[28] 刘辉,吴少华,孙锐,等. 快速热解褐煤焦的比表面积及孔隙结构 [J]. 中国电机工程学报, 2005, 25 (012): 86-90.

[29] HUO W, ZHOU Z, CHEN X, et al. Study on CO_2 gasification reactivity and physical characteristics of biomass, petroleum coke and coal chars [J]. Bioresour Technol, 2014, 159: 143-9.

[30] KIM Y T, SEO D K, HWANG J. Study of the effect of coal type and particle size on char-CO_2 gasification via gas analysis [J]. Energy & Fuels, 2011, 25 (11): 5044-54.

[31] LIU G S, TATE A G, BRYANT G W, et al. Mathematical modeling of coal char reactivity with CO_2 at high pressures and temperatures [J]. Fuel, 2000, 79 (10): 1145-54.

[32] GONZALO-TIRADO C, JIMENEZ S, BALLESTER J. Kinetics of CO_2 gasification for coals of different ranks under oxy-combustion conditions [J]. Combustion and Flame, 2013, 160 (2): 411-6.

[33] 杨帆,范晓雷,周志杰,等. 随机孔模型应用于煤焦与CO_2气化的动力学研究 [J]. 燃料化学学报, 2005, (06): 671-6.

[34] YE D P, AGNEW J B, ZHANG D K. Gasification of a South Australian low-rankcoal with carbon dioxide and steam: kinetics and reactivity studies [J]. Fuel, 1998, 77 (11): 1209-19.

[35] ZHANGFAN, FANMAOHONG, HUANGXIN, et al. Catalytic gasification of a Powder River Basin coal with CO_2 and H_2O mixtures [J]. Fuel Processing Technology, 2017, 161: 145-54.

[36] ZHAO H, YAN C, ORNDORFF W, et al. Gasification characteristics of coalchar under CO_2 atmosphere [J]. Journal of Thermal Analysis and Calorimetry, 2014, 116 (3): 1267-72.

[37] KIM J-H, KIM G-M, LISANDY K Y, et al. Effect of coal blending ratio on CO_2 coke gasification [J]. Korean Journal of Chemical Engineering, 2017, 34 (11): 2852-60.

[38] FERNANDEZ-LOPEZ M, LOPEZ-GONZALEZ D, PUIG-GAMERO M, et al. CO_2 gasification of dairy and swine manure: A life cycle assessment approach [J]. Renewable Energy, 2016, 95: 552-60.

[39] VAMVUKA D, SFAKIOTAKIS S. Gasification reactivity and Mass Spectrometric analysis of gases of energy crop chars under a CO_2 atmosphere [J]. Energy & Fuels, 2015, 29 (5): 3215-23.

[40] KOMAROVA E, GUHL S, MEYER B. Brown coal char CO_2-gasification kinetics with respect to the char structure. Part I: Char structure development [J]. Fuel, 2015, 152: 38-47.

[41] JING X, WANG Z, YU Z, et al. Experimental and kinetic investigations of CO_2 gasification of fine chars separated from a pilot-scale fluidized-bed gasifier [J]. Energy & Fuels, 2013, 27 (5): 2422-30.

[42] ZHA Q, ZHAO J, WANG C A, et al. Rapid pyrolysis and CO_2 gasification of anthracite at high temperature [J]. Journal of the Energy Institute, 2018, 91 (6): 1143-52.

[43] ZOU X, DING L, LIU X, et al. Study on effects of ash on the evolution of physical and chemical structures of char during CO_2 gasification [J]. Fuel, 2018, 217: 587-96.

[44] XU K, HU S, SU S, et al. Study on Char Surface Active Sites and Their Relationship to Gasification Reactivity [J]. Energy & Fuels, 2012, 27 (1): 118-25.

[45] OKA S. Fluidized Bed Combustion [M]. Power Plant Engineering, 1996.

[46] ERGUN S. Kinetics of the reaction of carbon dioxide with carbon [J]. Journal of Physical Chemistry, 1956, 60 (4): 480-5.

[47] JING X, WANG Z, ZHANG Q, et al. Evaluation of CO_2 Gasification Reactivity of Different Coal Rank Chars by Physicochemical Properties [J]. Energy & Fuels, 2013, 27 (12): 7287-93.

[48] MOLINA A, MONTOYA A, MONDRAGON F. CO_2 strong chemisorption as an estimate of coal char gasification reactivity [J]. Fuel, 1999, 78 (8): 971-7.

[49] MIURA K, HASHIMOTO K, SILVESTON P L. Factors affecting the reactivity of coal chars during gasification, and indices representing reactivity [J]. Fuel, 1989, 68 (11): 1461-75.

[50] WU H, YIP K, TIAN F, et al. Evolution of char structure during the steam gasification of biochars produced from the pyrolysis of various mallee biomass components [J]. Industrial & Engineering Chemistry Research, 2009, 48 (23): 10431-8.

[51] GOMEZ A, MAHINPEY N. A new model to estimate CO_2 coal gasification kinetics based only on parent coal characterization properties [J]. Applied Energy, 2015, 137: 126-33.

[52] LIU Y, GUAN Y-J, ZHANG K. Na_2CO_3 catalyzed CO_2 gasification of coal char and its intermediate complexes [J]. Research on Chemical Intermediates, 2018, 44 (12): 7789-803.

[53] HE P, XIAO Y, TANG Y, et al. Simultaneous low-cost carbon sources and CO_2 valorizations through catalytic gasification [J]. Energy & Fuels, 2015, 29 (11): 7497-507.

[54] BOURAOUI Z, DUPONT C, JEGUIRIM M, et al. CO_2 gasification of woody biomass chars: The influence of K and Si on char reactivity [J]. Comptes Rendus Chimie, 2016, 19 (4): 457-65.

[55] TANNER J, BLASING M, MUELLER M, et al. Reactions and transformations of mineral and nonmineral inorganic species during the entrained flow pyrolysis and CO_2 gasification of low rank coals [J]. Energy & Fuels, 2016, 30 (5): 3798-808.

[56] BYAMBAJAV E, HACHIYAMA Y, KUDO S, et al. Kinetics and mechanism of CO_2 gasification of chars from 11 Mongolian lignites [J]. Energy & Fuels, 2016, 30 (3): 1636-46.

[57] ZHANG L, HUANG J, FANG Y, et al. Gasification reactivity and kinetics of typical Chinese anthracite chars with steam and CO_2 [J]. Energy & Fuels, 2006, 20 (3): 1201-10.

[58] WANG G, ZHANG J, SHAO J, et al. Experimental and modeling studies on CO_2 gasification of biomass chars [J]. Energy, 2016, 114: 143-54.

[59] LIN L, STRAND M. Investigation of the intrinsic CO_2 gasification kinetics of biomass char at medium to high temperatures [J]. Applied Energy, 2013, 109: 220-8.

[60] RONGBIN L, QUN C, HAIXIA Z. Detailed Investigation on Sodium (Na) Species Release and Transformation Mechanism during Pyrolysis and Char Gasification of High-Na Zhundong Coal [J]. Energy & Fuels, 2017, 31 (6): 5902-12.

[61] YU J, DING L, CHENG C, et al. Release characteristics of alkali and alkaline earth metals in nascent char during rapid pyrolysis [J]. Fuel, 2022, 323.

[62] YANG X, LV P, ZHU S, et al. Release of Ca during coal pyrolysis and char gasification in H_2O, CO_2 and their mixtures [J]. Journal of Analytical and Applied Pyrolysis, 2018, 132: 217-24.

[63] DAI B, HOADLEY A, ZHANG L. Characteristics of high temperature C-CO_2 gasification reactivity of Victorian brown coal char and its blends with high ash fusion temperature bituminous coal [J]. Fuel, 2017, 202: 352-65.

[64] HUO W, ZHOU Z, WANG F, et al. Mechanism analysis and experimental verification of pore diffusion on coke and coal char gasification with CO_2 [J]. Chemical Engineering Journal, 2014, 244: 227-33.

[65] ZHANG Y, GENG P, ZHENG Y. Exploration and practice to improve the kinetic analysis of char-CO_2 gasification via thermogravimetric analysis [J]. Chemical Engineering Journal, 2019, 359: 298-304.

[66] LIU Y, QU J, WU X, et al. Reaction kinetics and internal diffusion of Zhundong char gasification with CO_2 [J]. Frontiers of Chemical Science and Engineering, 2021, 15 (2): 373-83.

[67] JAYARAMAN K, GOKALP I. Effect of char generation method on steam, CO_2 and blended mixture gasification of high ash Turkish coals [J]. Fuel, 2015, 153: 320-7.

[68] HAU-HUU B, WANG L, KHANH-QUANG T, et al. CO_2 gasification of charcoals produced at various pressures [J]. Fuel Processing Technology, 2016, 152: 207-14.

[69] YANG Z, ZHANG L, PENG J, et al. Gasification of inferior coal with high ash content under CO_2 and O_2/H_2O atmospheres [J]. International Journal of Green Energy, 2015, 12 (10): 1046-53.

[70] YANG Z Q, ZHANG L, PENG J. Experimental study on gasification and kinetic characteristics of inferior coal with high ash content under CO_2 atmosphere [J]. Energy Sources Part a-Recovery Utilization and Environmental Effects, 2016, 38 (3): 309-14.

[71] SKODRAS G, NENES G, ZAFEIRIOU N. Low rank coal-CO_2 gasification: Experimental study, analysis of the kinetic parameters by Weibull distribution and compensation effect [J]. Applied Thermal Engineering, 2015, 74: 111-8.

[72] TANNER J, BHATTACHARYA S. Kinetics of CO_2 and steam gasification of Victorian brown coal chars [J]. Chemical Engineering Journal, 2016, 285: 331-40.

[73] WANG Y, BELL D A. Reaction kinetics of Powder River Basin coal gasification in carbon dioxide using a modified drop tube reactor [J]. Fuel, 2015, 140: 616-25.

[74] ZHANG F, XU D, WANG Y, et al. CO_2 gasification of Powder River Basin coal catalyzed by a cost-effective and environmentally friendly iron catalyst [J]. Applied Energy, 2015, 145: 295-305.

[75] LI R, ZHANG J, WANG G, et al. Study on CO_2 gasification reactivity of biomass char derived from high-temperature rapid pyrolysis [J]. Applied Thermal Engineering, 2017, 121: 1022-31.

[76] ZUO H-B, ZHANG P-C, ZHANG J-L, et al. Isothermal CO_2 gasification reactivity and kinetic

models of biomass char/anthracite char [J]. Bioresources, 2015, 10 (3): 5242-55.

[77] VEJAHATI F, GUPTA R. Intrinsic gasification rate of oil sands fluid coke with carbon dioxide and steam [J]. Canadian Journal of Chemical Engineering, 2017, 95 (6): 1045-53.

[78] 张林仙, 黄戒介, 房倚天, 等. 中国无烟煤焦气化活性的研究: 水蒸气与二氧化碳气化活性的比较 [J]. 燃料化学学报, 2006, 34 (3): 265-9.

[79] KAJITANI S, HARA S, MATSUDA H. Gasification rate analysis of coal char with a pressurized drop tube furnace [J]. Fuel, 2002, 81 (5): 539-46.

[80] HUANG Z, ZHANG J, YONG Z, et al. Kinetic studies of char gasification by steam and CO_2 in the presence of H_2 and CO [J]. Fuel Processing Technology, 2010, 91 (8): 843-7.

[81] 林晓巍, 陈鸿伟, 何骏鹏, 等. 多种原煤焦的 CO_2 气化特性研究 [J]. 电力科学与工程, 2014, 30 (08): 16-23.

[82] TREMEL A, HASELSTEINER T, KUNZE C, et al. Experimental investigation of high temperature and high pressure coal gasification [J]. Applied Energy, 2012, 92: 279-85.

[83] LIU T F, FANG Y T, WANG Y. An experimental investigation into the gasification reactivity of chars prepared at high temperatures [J]. Fuel, 2008, 87 (4-5): 460-6.

[84] LIU H, LUO C, KATO S, et al. Kinetics of CO_2/char gasification at elevated temperatures-Part I: Experimental results [J]. Fuel Processing Technology, 2006, 87 (9): 775-81.

[85] WU S, GU J, ZHANG X, et al. Variation of carbon crystalline structures and CO_2 gasification reactivity of Shenfu coal chars at elevated temperatures [J]. Energy & Fuels, 2008, 22 (1): 199-206.

[86] ROSSBERG M, WICKE E. Transportvorgnge und Oberflchenreaktionen bei der Verbrennung graphitischen Kohlenstoffs [J]. Chemie Ingenieur Technik, 1956, 28 (3): 181-9.

[87] ARANDA G, GROOTJES A J, VAN DER MEIJDEN C M, et al. Conversion of high-ash coal under steam and CO_2 gasification conditions [J]. Fuel Processing Technology, 2016, 141: 16-30.

[88] PORADA S, CZERSKI G, GRZYWACZ P, et al. Comparison of the gasification of coals and their chars with CO_2 based on the formation kinetics of gaseous products [J]. Thermochimica Acta, 2017, 653: 97-105.

[89] CHMIELNIAK T, SCIAZKO M, TOMASZEWICZ G, et al. Pressurized CO_2-enhanced gasification of coal Thermodynamical and kinetic modeling [J]. Journal of thermal analysis and calorimetry, 2014, 117 (3): 1479-88.

[90] AHN D H, GIBBS B M, KO K H, et al. Gasification kinetics of an Indonesian sub-bituminous coal-char with CO_2 at elevated pressure [J]. Fuel, 2001, 80 (11): 1651-8.

[91] XIA L, WEI J, WEI H, et al. Gasification under CO_2-steam mixture: kinetic model study based on shared active sites [J]. Energies, 2017, 10 (11): 1890.

[92] AN H, YU J, JIANG Y, et al. Kinetics of steam and CO_2 gasification with high ash fusion temperature coal char under elevated pressure [J]. Energy Sources Part A Recovery Utilization and Environmental Effects, 2017, 39 (24): 1-7.

[93] ZHOU L, ZHANG G, SCHURZ M, et al. Kinetic study on CO_2 gasification of brown coal and biomass chars: reaction order [J]. Fuel, 2016, 173: 311-9.

[94] KIM S K, PARK J Y, LEE D K, et al. Kinetic study on low-rank coal char: Characterization and catalytic CO_2 gasification [J]. Journal of Energy Engineering, 2016, 142 (3): 04015032.

[95] IRFAN M F, USMAN M R, KUSAKABE K. Coal gasification in CO_2 atmosphere and its kinetics

since 1948：A brief review [J]．Energy，2011，36（1）：12-40.

[96] DI BLASI C. Combustion and gasification rates of lignocellulosic chars [J]．Progress in Energy and Combustion Science，2009，35（2）：121-40.

[97] 煤对二氧化碳化学反应性的测定方法 [M]．2018.

[98] 白进．高温下煤中矿物质的演化及其对高温煤气化反应的影响 [D]．太原：中国科学院山西煤炭化学研究所，2008.

[99] YU J，ZENG X，ZHANG J，et al. Isothermal differential characteristics of gas-solid reaction in micro-fluidized bed reactor [J]．Fuel，2013，103：29-36.

[100] YU J，YAO C，ZENG X，et al. Biomass pyrolysis in a micro-fluidized bed reactor：Characterization and kinetics [J]．Chemical Engineering Journal，2011，168（2）：839-47.

[101] 范冬梅．低阶煤热解半焦的气化反应特性研究 [D]．北京：中国科学院大学，2013.

[102] QUAH E，MATHEWS J F，LI C Z. Interinfluence between reactions on the catalyst surface and reactions in the gas phase during the catalytic oxidation of methane with air [J]．Journal of Catalysis，2001，197（2）：315-23.

[103] HINDMARSH C J，THOMAS K M，WANG W X，et al. A comparison of the pyrolysis of coal in wire-mesh and entrained-flow reactors [J]．Fuel，1995，74（8）：1185-90.

[104] 赵冰．滴管炉内煤和石油焦的高温快速热解与水蒸气气化反应研究 [D]．上海：华东理工大学，2013.

[105] 丁路．煤的热解特性及基于可视化技术的气化反应机理研究 [D]．上海：华东理工大学，2016.

[106] SHEN Z，LIANG Q，XU J，et al. In-situ experimental study of CO_2 gasification of char particles on molten slag surface [J]．Fuel，2015，160：560-7.

[107] NOWAK B，KARLSTRÖM O，BACKMAN P，et al. Mass transfer limitation in thermogravimetry of biomass gasification [J]．Journal of Thermal Analysis and Calorimetry，2012，111（1）：183-92.

[108] 霍威．煤等含碳物质热解特性及气化反应特性模型化研究 [D]．上海：华东理工大学，2015.

[109] LAHIJANI P，ZAINAL Z A，MOHAMED A R. Catalytic effect of iron species on CO_2 gasification reactivity of oil palm shell char [J]．Thermochimica Acta，2012，546：24-31.

[110] MANI T，MAHINPEY N，MURUGAN P. Reaction kinetics and mass transfer studies of biomass char gasification with CO_2 [J]．Chemical Engineering Science，2011，66（1）：36-41.

[111] GOMEZ-BAREA A，OLLERO P，FERNANDEZ-BACO C. Diffusional effects in CO_2 gasification experiments with single biomass char particles. 1. Experimental investigation [J]．Energy & Fuels，2006，20（5）：2202-10.

[112] RONCANCIO R，GORE J P. CO_2 char gasification：A systematic review from 2014 to 2020 [J]．Energy Conversion and Management：X，2020.

[113] GOMEZ A，MAHINPEY N. A new method to calculate kinetic parameters independent of the kinetic model：Insights on CO_2 and steam gasification [J]．Chemical Engineering Research and Design，2015，95：346-57.

[114] VYAZOVKIN S. Evaluation of activation energy of thermally stimulated solid-statereactions under arbitrary variation of temperature [J]．Journal of Computational Chemistry，1997，18（3）：393-402.

[115] VYAZOVKIN S. Model-free kinetics-Staying free of multiplying entities without necessity [J]．Journal of Thermal Analysis and Calorimetry，2006，83（1）：45-51.

[116] ISHIDA M, WEN C. Comparison of zone-reaction model and unreacted-core shrinking model in solid-gas reactions-I isothermal analysis [J]. Chemical Engineering Science, 1971, 26 (7): 1031-41.

[117] KASAOKA S, SAKATA Y, TONG C. Kinetic evaluation of reactivity in carbon dioxide-gasification of various coal chars, and comparison with steam-gasification [J]. Nenryo Kyokai-Shi/Journal of the Fuel Society of Japan, 1983, 62 (5): 335-48.

[118] 孟德喜. 块状原煤及煤焦热解气化过程中的反应特性和结构演变研究 [D]: 上海华东理工大学, 2020.

[119] SZEKELY J, EVANS J. A structural model for gas-solid reactions with a moving boundary [J]. Chemical Engineering Science, 1970, 25 (6): 1091-107.

[120] 于遵宏, 龚欣, 沈才大, 等. 加压下煤催化气化动力学研究 [J]. 燃料化学学报, 1990 (04): 324-9.

[121] 房倚天. 流化床气化炉稀相段飞灰气化动力学的研究 [D]. 太原: 中国科学院山西煤炭化学研究所, 1994.

[122] BHATIA S K, PERLMUTTER D D. A random pore model for fluid-solid reactions: II. Diffusion and transport effects [J]. Aiche Journal, 1981, 27 (2): 247-54.

[123] BHATIA S K, PERLMUTTER D D. A random pore model for fluid-solid reactions: I. Isothermal, kinetic control [J]. 1980, 26 (3): 379-86.

[124] KIRTANIA K, BHATTACHARYA S. CO_2 gasification kinetics of algal and woody char procured under different pyrolysis conditions and heating rates [J]. ACS Sustainable Chemistry & Engineering, 2015, 3 (2): 365-73.

[125] ZHANG Y, HARA S, KAJITANI S, et al. Modeling of catalytic gasification kinetics of coal char and carbon [J]. Fuel, 2010, 89 (1): 152-7.

[126] ZHANG Y, ASHIZAWA M, KAJITANI S, et al. Proposal of a semi-empirical kinetic model to reconcile with gasification reactivity profiles of biomass chars [J]. Fuel, 2008, 87 (4-5): 475-81.

[127] DE MICCO G, NASJLETI A, BOHÉ A E. Kinetics of the gasification of a Rio Turbio coal under different pyrolysis temperatures [J]. Fuel, 2012, 95: 537-43.

[128] LIU Z, WANG Q, ZOU Z, et al. Arrhenius parameters determination in nonisothermal conditions for the uncatalyzed gasification of carbon by carbon dioxide [J]. Thermochimica Acta, 2011, 512 (1-2): 1-4.

[129] LI S, MA X. CO_2 gasification characteristics of nascent pyrolyzed particles from coals and oil shale [J]. International Journal of Energy Research, 2017, 41 (11): 1612-25.

[130] LAHIJANI P, MOHAMMADI M, MOHAMED A R. Investigation of synergism and kinetic analysis during CO_2 co-gasification of scrap tire char and agro-wastes [J]. Renewable Energy, 2019, 142: 147-57.

[131] CHEN T, WU J, ZHANG Z, et al. Key thermal events during pyrolysis and CO_2-gasification of selected combustible solid wastes in a thermogravimetric analyser [J]. Fuel, 2014, 137: 77-84.

[132] WANG F, ZENG X, WANG Y, et al. Non-isothermal coal char gasification with CO_2 in a micro fluidized bed reaction analyzer and a thermogravimetric analyzer [J]. Fuel, 2016, 164: 403-9.

[133] EDREIS E M A, LUO G, YAO H. Investigations of the structure and thermal kinetic analysis of sugarcane bagasse char during non-isothermal CO_2 gasification [J]. Journal of analytical & applied pyrolysis, 2014, 107: 107-15.

[134] LAHIJANI P, MOHAMMADI M, MOHAMED A R. Catalytic CO_2 gasification of rubber seed shell-derived hydrochar: reactivity and kinetic studies [J]. Environmental Science and Pollution Research, 2019, 26 (12): 11767-80.

[135] STARINK M J. The determination of activation energy from linear heating rate experiments: a comparison of the accuracy of isoconversion methods [J]. Thermochimica Acta, 2003, 404 (1-2): 163-76.

[136] COATS A W, REDFERN J P. Kinetic Parameters from Thermogravimetric Data [J]. Nature, 1964, 201 (4914): 68-9.

[137] OZAWA, TAKEO. A New Method of Analyzing Thermogravimetric Data [J]. Bullchemsocjpn, 1965, 38 (11): 1881-6.

[138] FLYNN J H, WALL L A. General treatment of the thermogravimetry of polymers [J]. Journal of research of the National Bureau of Standards Section A, Physics and chemistry, 1966, 70A (6): 487-523.

[139] FRIEDMAN H L. Kinetics of thermal degradation of char-forming plastics from thermogravimetry. Application to a phenolic plastic [J]. Journal of Polymer Science Part C: Polymer Symposia, 1964, 6 (1): 183-95.

[140] HARDI F, IMAI A, THEPPITAK S, et al. Gasification of char derived from catalytic hydrothermal liquefaction of pine sawdust under a CO_2 atmosphere [J]. Energy & Fuels, 2018, 32 (5): 5999-6007.

[141] MA Z, BAI J, BAI Z, et al. Mineral Transformation in Char and Its Effect on Coal Char Gasification Reactivity at High Temperatures, Part 2: Char Gasification [J]. Energy & Fuels, 2014, 28 (3): 1846-53.

[142] WU Z, MA C, JIANG Z, et al. Structure evolution and gasification characteristic analysis on co-pyrolysis char from lignocellulosic biomass and two ranks of coal: Effect of wheat straw [J]. Fuel, 2019, 239: 180-90.

[143] MACHADO A D S, MEXIAS A S, VILELA A C F, et al. Study of coal, char and coke fines structures and their proportions in the off-gas blast furnace samples by X-ray diffraction [J]. Fuel, 2013, 114: 224-8.

[144] WANG J, MORISHITA K, TAKARADA T. High-Temperature Interactions between Coal Char and Mixtures of Calcium Oxide, Quartz, and Kaolinite [J]. Energy & Fuels, 2001, 15 (5): 1145-52.

[145] SADEZKY A, MUCKENHUBER H, GROTHE H, et al. Raman microspectroscopy of soot and related carbonaceous materials: Spectral analysis and structural information [J]. Carbon, 2005, 43 (8): 1731-42.

[146] FERRARI A C, ROBERTSON J. Interpretation of Raman spectra of disordered and amorphous carbon [J]. Physrevb, 2000, 61 (20): 14095-107.

[147] WANG Y, ALSMEYER D C, MCCREERY R L. Raman spectroscopy of carbon materials: Structural basis of observed spectra [J]. Chemistry of Materials, 2002, 2 (5): 557-63.

[148] BEYSSAC O, GOFFÉ B, PETITET J-P, et al. On the characterization of disordered and heterogeneous carbonaceous materials by Raman spectroscopy [J]. Spectrochimica Acta Part A: Molecular and Biomolecular Spectroscopy, 2003, 59 (10): 2267-76.

[149] CUESTA A, DHAMELINCOURT P, LAUREYNS J, et al. Raman microprobe studies on carbon materials [J]. Carbon, 1994, 32 (8): 1523-32.

[150] JAWHARI T, ROID A, CASADO J. Raman spectroscopic characterization of some commercially available carbon black materials [J]. Carbon, 1995, 33 (11): 1561-5.

[151] ZAIDA A, BAR-ZIV E, RADOVIC L R, et al. Further development of Raman Microprobe spectroscopy for characterization of char reactivity [J]. Proceedings of the Combustion Institute, 2007, 31 (2): 1881-7.

[152] AL-JISHI R, DRESSELHAUS G. Lattice-dynamical model for alkali-metal—graphite intercalation compounds [J]. Physical Review B, 1982, 26 (8): 4523-38.

[153] BRUNAUER S, EMMETT P H, TELLER E. Adsorption of Gases in Multimolecular Layers [J]. Journal of the American Chemical Society, 1938, 60 (2): 309-19.

[154] BARRETT E P, JOYNER L G, HALENDA P P. The Determination of Pore Volume and Area Distributions in Porous Substances. I. Computations from Nitrogen Isotherms [J]. Journal of the American Chemical Society, 1951, 73 (1): 373-80.

[155] JAYARAMAN K, GOKALP I. Effect of char generation method on steam, CO_2 and blended mixture gasification of high ash Turkish coals [J]. Fuel, 2015, 153: 320-7.

[156] JAYARAMAN K, GOKALP I, BONIFACI E, et al. Kinetics of steam and CO 2 gasification of high ash coal-char produced under various heating rates [J]. Fuel, 2015, 154: 370-9.

[157] ASHU J T, NSAKALA N Y, MAHAJAN O P, et al. Enhancement of char reactivity by rapid heating of precursor coal [J]. Fuel, 1978, 57 (4): 250-1.

[158] ULLOA C A, GORDON A L, GARCÍA X A. Thermogravimetric study of interactions in the pyrolysis of blends of coal with radiata pine sawdust [J]. Fuel Processing Technology, 2009, 90 (4): 583-90.

[159] MASNADI M S, HABIBI R, KOPYSCINSKI J, et al. Fuel characterization and co-pyrolysis kinetics of biomass and fossil fuels [J]. Fuel, 2014, 117: 1204-14.

[160] ZHU H, YU G, GUO Q, et al. In-situ Raman spectroscopy study on catalytic pyrolysis of a bituminous coal [J]. Energy & Fuels, 2017, 31 (6).

[161] ZHU H, WANG X, WANG F, et al. In Situ Study on K_2CO_3-Catalyzed CO_2 Gasification of Coal Char: Interactions and Char Structure Evolution [J]. Energy & Fuels, 2018, 32 (2): 1320-7.

[162] LIU H, LUO C, TOYOTA M, et al. Kinetics of CO_2/char gasification at elevated temperatures. Part II: Clarification of mechanism through modelling and char characterization [J]. Fuel Processing Technology, 2006, 87 (9): 769-74.

[163] PAGEOT J, ROUZAUD J N, ALI AHMAD M, et al. Milled graphite as a pertinent analogue of French UNGG reactor graphite waste for a CO_2 gasification-based treatment [J]. Carbon, 2015, 86: 174-87.

[164] LI X, LI C. Volatilisation and catalytic effects of alkali and alkaline earth metallic species during the pyrolysis and gasification of Victorian brown coal. Part VIII. Catalysis and changes in char structure during gasification in steam [J]. Fuel, 2006, 85 (10-11): 1518-25.

[165] LI C-Z. Some recent advances in the understanding of the pyrolysis and gasification behaviour of Victorian brown coal [J]. Fuel, 2007, 86 (12-13): 1664-83.

[166] LI W, WU S, WU Y, et al. Gasification characteristics of biomass at a high-temperature steam atmosphere [J]. Fuel Processing Technology, 2019, 194.

[167] XU X Q, WANG Y G, CHEN Z D, et al. Variations in char structure and reactivity due to the pyrolysis and in-situ gasification using Shengli brown coal [J]. Journal of Analytical and Applied

Pyrolysis, 2015, 115: 233-41.
[168] WANG H, KONG J, WANG M-J, et al. Structural evolution of a bituminous coal char related to its synchronized gasification behavior with H_2O and/or CO_2 [J]. Journal of Fuel Chemistry and Technology, 2019, 47 (4): 393-401.
[169] HUNGWE D, DING L, KHOSHBOUY R, et al. Kinetics and physicochemical morphology evolution of low and high-ash pyrolytic tire char during CO_2 gasification [J]. Energy & Fuels, 2019, 34 (1): 118-29.
[170] LI Y, YANG H, HU J, et al. Effect of catalysts on the reactivity and structure evolution of char in petroleum coke steam gasification [J]. Fuel, 2014, 117: 1174-80.
[171] CHANG Q, GAO R, GAO M, et al. Experimental analysis of the evolution of soot structure during CO_2 gasification [J]. Fuel, 2020, 265: 116699.
[172] XU M X, WU Y C, NAN D H, et al. Effects of gaseous agents on the evolution of char physical and chemical structures during biomass gasification [J]. Bioresour Technol, 2019, 292: 121994.
[173] TOMASZEWICZ M, MIANOWSKI A. Char structure dependence on formation enthalpy of parent coal [J]. Fuel, 2017, 199: 380-93.
[174] XIE Y, YANG H, ZENG K, et al. Study on CO_2 gasification of biochar in molten salts: Reactivity and structure evolution [J]. Fuel, 2019, 254: 115614.
[175] LIN S, DING L, ZHOU Z, et al. Discrete model for simulation of char particle gasification with structure evolution [J]. Fuel, 2016, 186: 656-64.
[176] MAHINPEY N, GOMEZ A. Review of gasification fundamentals and new findings: Reactors, feedstock, and kinetic studies [J]. Chemical Engineering Science, 2016, 148: 14-31.
[177] ZHANG Q, YUAN Q, WANG H, et al. Evaluation of gas switch effect on isothermal gas-solid reactions in a thermogravimetric analyzer [J]. Fuel, 2019, 239: 1173-8.
[178] FERMOSO J, ARIAS B, PEVIDA C, et al. Kinetic models comparison for steam gasification of different nature fuel chars [J]. Journal of Thermal Analysis and Calorimetry, 2008, 91 (3): 779-86.
[179] WANG G, ZHANG J, HUANG X, et al. Co-gasification of petroleum coke-biomass blended char with steam at temperatures of 1173-1373K [J]. Applied Thermal Engineering, 2018, 137: 678-88.
[180] LI X G, LV Y, MA B G, et al. Thermogravimetric investigation on co-combustion characteristics of tobacco residue and high-ash anthracite coal [J]. Bioresour Technol, 2011, 102 (20): 9783-7.
[181] JIE W, ISHIDA R, TAKARADA T. Carbothermal Reactions of Quartz and Kaolinite with Coal Char [J]. Energy & Fuels, 2000, 14 (5): 1108-14.
[182] WU Z, WANG S, LUO Z, et al. Physico-chemical properties and gasification reactivity of co-pyrolysis char from different rank of coal blended with lignocellulosic biomass: Effects of the cellulose [J]. Bioresour Technol, 2017, 235: 256-64.
[183] FATEHI H, BAI X-S. Structural evolution of biomass char and its effect on the gasification rate [J]. Applied Energy, 2017, 185: 998-1006.
[184] WU Y, WU S, HUANG S, et al. Physicochemical properties and structural evolutions of gas-phase carbonization chars at high temperatures [J]. Fuel Processing Technology, 2010, 91 (11): 1662-9.
[185] LIU X, XIONG B, HUANG X, et al. Effect of catalysts on char structural evolution during

[186] hydrogasification under high pressure [J]. Fuel, 2017, 188: 474-82.

[186] 唐宏青. 现代煤化工新技术 [M]. 北京: 化学工业出版社, 2009.

[187] MENG D, WANG T, XU J, et al. Diffusion effect and evolution of kinetic parameters during coal char-CO_2 gasification [J]. Fuel, 2019, 255.

[188] 邹晓鹏. 煤与废弃物等含碳物料气化和共气化过程特性与机理研究 [D]. 上海: 华东理工大学, 2019.

[189] OLLERO P, SERRERA A, ARJONA R, et al. Diffusional effects in TGA gasification experiments for kinetic determination [J]. Fuel, 2002, 81 (15): 1989-2000.

[190] GENG P, ZHANG Y, ZHENG Y. Experimental estimate of CO_2 concentration distribution in the stagnant gas layer inside the thermogravimetric analysis (TGA) crucible [J]. Fuel, 2018, 224: 250-4.

[191] STOESSER P, SCHNEIDER C, KREITZBERG T, et al. On the influence of different experimental systems on measured heterogeneous gasification kinetics [J]. Applied Energy, 2018, 211: 582-9.

[192] DING L, WEI J, DAI Z, et al. Study on rapid pyrolysis and in-situ chargasification characteristics of coal and petroleum coke [J]. International Journal of Hydrogen Energy, 2016, 41 (38): 16823-34.

[193] DING L, GONG Y, WANG Y, et al. Characterisation of the morphological changes and interactions in char, slag and ash during CO_2 gasification of rice straw and lignite [J]. Applied Energy, 2017, 195: 713-24.

[194] SHEN Z, XU J, LIU H, et al. Modeling study for the effect of particle size on char gasification with CO_2 [J]. AIChE Journal, 2017, 63 (2): 716-24.

[195] KIM R-G, HWANG C-W, JEON C-H. Kinetics of coal char gasification with CO_2: Impact of internal/external diffusion at high temperature and elevated pressure [J]. Applied Energy, 2014, 129: 299-307.

[196] 李位位, 黄戒介, 王志青, 等. 煤焦CO_2气化反应动力学及内扩散对气化过程的影响分析 [J]. 燃料化学学报, 2016, 44 (12): 1416-21.

[197] GOMEZ-BAREA A, OLLERO P, VILLANUEVA A. Diffusional effects in CO_2 gasification experiments with single biomass char particles. 2. Theoretical predictions [J]. Energy & Fuels, 2006, 20 (5): 2211-22.

[198] WANG G, ZHANG J, SHAO J, et al. Investigation of non-isothermal and isothermal gasification process of coal char using different kinetic model [J]. International Journal of Mining Science and Technology, 2015, 25 (1): 15-21.

[199] MICCO G D, BOHÉ A, SOHN H Y. Intrinsic kinetics of chlorination of WO_3 particles with Cl_2 gas between 973 K and 1223 K (700℃ and 950℃) [J]. Metallurgical and Materials Transactions B, 2011, 42 (2): 316-23.

[200] SONG Q, HE B, YAO Q, et al. Influence of diffusion on thermogravimetric analysis of carbon black oxidation [J]. Energy & Fuels, 2006, 20 (5): 1895-900.

[201] MUELLER A, HAUSTEIN H D, STOESSER P, et al. Gasification Kinetics of Biomass- and Fossil-Based Fuels: Comparison Study Using Fluidized Bed and Thermogravimetric Analysis [J]. Energy & Fuels, 2015, 29 (10): 6717-23.

[202] LIU M, ZHOU Z, SHEN Z, et al. Comparison of HTSM and TGA Experiments of Gasification Characteristics of Different Coal Chars and Petcoke [J]. Energy & Fuels, 2019, 33 (4): 3057-67.

[203] LIU M, BAI J, YU J, et al. Correlation between CharGasification Characteristics at Different Stages and Microstructure of Char by Combining X-ray Diffraction and Raman Spectroscopy [J]. Energy & Fuels, 2020, 34 (4): 4162-72.

[204] LI W, WU S, WU Y, et al. Gasification characteristics of biomass at a high-temperature steam atmosphere [J]. Fuel Processing Technology, 2019, 194: 106090.

[205] LIU M, HE Q, BAI J, et al. Char reactivity and kinetics based on the dynamic char structure during gasification by CO_2 [J]. Fuel Processing Technology, 2021, 211: 106583.

[206] GOMEZ A, SILBERMANN R, MAHINPEY N. A comprehensive experimental procedure for CO_2 coal gasification: Is there really a maximum reaction rate [J]. Applied Energy, 2014, 124: 73-81.

[207] XU R-S, ZHANG J-L, WANG G-W, et al. Gasification behaviors and kinetic study on biomass chars in CO_2 condition [J]. Chemical Engineering Research and Design, 2016, 107: 34-42.

[208] MISHRA G, BHASKAR T. Non isothermal model free kinetics for pyrolysis of rice straw [J]. Bioresource Technology, 2014, 169: 614-21.

[209] KOU M, ZUO H, NING X, et al. Thermogravimetric study on gasification kinetics of hydropyrolysis char derived from low rank coal [J]. Energy, 2019, 188: 116030.